JN220935

WS
ウェッジ
選書

暮らしを変える驚きの数理工学

合原一幸 編著
（東京大学教授）

ウェッジ

暮らしを変える
驚きの数理工学

はじめに

何年か前に、ファッションデザイナーの松居エリさん、アーティストの木本圭子さんとコラボで、東京コレクション（東コレ）という大きなファッションショー用に数学を駆使したドレスを製作したことがあります。意外にもこの奇妙な3人の組み合わせは議論がとてもうまく噛み合い、たいへん心地よい共同作業となってその成果は大きな反響を呼びました。

実はこの成功は、内心予期していたことでもありました。なぜなら、ファッション、アート、そして数学には、あまり認識されていない共通点があるからです。それは、「美しさ」に強くこだわるという点です。この共通の価値観があるので、彼女たちと心の深い部分で共鳴することが出来た訳です。

最近脳科学分野でも、脳画像データ解析でこのことを裏付ける発見がありました。数式を美しいと感じる時に反応する脳部位とアートを美しいと感じる時に反応する脳部位が同じ場所だったのです。この意味で、数学の美意識は、脳の根源的な性質から発しているとも言えそうです。

ただしここで注意したいのは、数学には、この様な美しさにかかわる抽象性と同時に、もう1つまったく異なる特質があることです。それは、数学が有する驚くべき記述能力の高さという意味での機能性です。たとえば、筆者の専門分野で言えば、この世の中のダイナミズムを記述するのに、数式以上に優れた言語を知りません。ガリレオが看破した通りです。たとえば本書の第1章では、単純な2次関数が生み出す豊かなダイナミクスを例としてご紹介します。

本書で詳しく解説しているのは、この数学が持つ高度な記述能力と機能性、さらにはそれらに基づく実用性です。様々な具体例を通して、暮らしに役立つ数学の面白さの一端を、読者のみなさんに感じ取っていただけることを心から願っています。

編者　合原一幸

巻頭言

2010年に内閣府より最先端研究開発支援プログラム、通称FIRSTが創設され、日本全国のあらゆる分野の我こそはと思う研究者が応募したなかから30名の研究者が選ばれました。「新たな知を創造する基礎研究から出口を見据えた研究開発まで、さまざまな分野及びステージを対象とした、3～5年で世界のトップを目指した先端的研究を推進することにより、産業、安全保障等の分野における我が国の中長期的な国際的競争力、底力の強化を図るとともに、研究開発成果の国民及び社会への確かな還元を図ることを目的とする」とあります。研究者を最優先したプログラムであることが、これまでにない特徴で、選ばれた30名のことを「トップ30研究者」などということもありました。5年間で具体的な成果をあげ、社会への還元を図るとありますので、数学者の多くは尻込みしましたが、勇敢にも手をあげて数学の有用性を広く世に示してくださったのが、合原一幸先生とそのチーム「複雑系数理モデル学の基礎理論構築とその分野横断的科学技術応用」でした。2014年のウォールストリートジャーナルのBest Jobs of 2014の第1位はなんと「数学者」です。3位が統計学者、4位がアクチュアリー、7位がソフトウェア工学者、8位がコンピュータシステムアナリストなどと軒並み数学の能力を活かした職業が収入面でも将来性でも断トツの評価です。このように、数学者が社会の役にたつことは国際社会の常識ですが、どうも日本では認識にずれがあるようです。いやもう少し正確にいうと、数学は役にたつが数学者は役にたたないと思われているのかもしれません。なんだか役にたたないことに興味を持っているのが数学者であるという誤解があります。これは、我々数学者の不徳のいたすところです。

数学という学問は、科学技術の共通言語を与えるものです。特に物理学との相性がよく、新しい自然現象が発見されると、それを理解するための新しい数学が開発され、有名な物理学者であるE・ウィグナーは「自然科学における数学の非合理的なまでの有用性」という言葉を残しています。なぜ、自然現象は、こんなになんでもかんでも数学で表現できてしまうのかという驚きの言葉です。21世紀に入ったころから、自然科学だけではなく我々の生活にかかわる課題全般に対する数学の貢献へ社会の期待が急速に高まりました。1つには、計算機が高度になり様々な問題を解析できる能力を持ち始めましたが、それを活用しようとすれば、計算機に理解できるように現象を数理の言葉に置き換えないといけません。更に、より重要な役割があります。21世紀に人類の直面する課題は複雑で様々な分野が絡みあっているために、異なる分野が協力して解決にあたらないといけないのですが、皆がその分野のなかに蓄積してきた経験や直観を分野の方言で話をしているのでは理解が進みませんので共通言語としての数学が必要になりました。ここでの数学者の役割は、単なる「通訳」ではなく、専門家が感覚的に理解していることを「数理」の言葉にすることで、複雑な問題の根本にあるシンプルな原理をえぐりだすことにあります。ビッグデータ時代の到来で前者のデータ解析の重要性は認識が高まっていますが、単に計算機を力づくに使うだけでは何も出てこない、本当に大切なことは、後者にあげた普遍性のある数理をとりだすことです。合原プロジェクトはまさにこの複雑な問題の「数理モデル化・数理的解析」を行うもので、我々の生活に密接にかかわりのあるがん治療、パンデミック制御、地震予測、電力供給のスマートシステム、通信、データ解析など扱う問題は多様でした。

本著では、５年間の合原プロジェクトの成果を通して個々の問題において数理モデルの有用性が分かりやすく紹介されているだけではなく、合原先生の本当にやりたかったこと、つまり、一見異なるように見える様々な問題の奥にある複雑性を産み出す源を記述する数理工学理論の魅力が自然に感じられるようになっています。合原プロジェクトだけではなく、最近は数学と諸科学・産業界の連携が日本でも盛んにおこなわれるようになりました。私自身は、数学の視点での材料設計に興味を持っています。これまでの固体・液体・気体という分け方に入らない中間的な材料を数学で予測しようとしています。ウィグナーのいうように、歴史上に出現してまだ間もない人類が作り出した数学がなぜこのように様々な問題を表現することに有用なのか、それはよく分かりません。人間の理解や認識と関係があるのでしょうか？ただ1つ、はっきりしていること：役にたつものはシンプルで美しい、です。

東北大学大学院理学研究科数学専攻教授・WPI－AIMR機構長
小谷元子

目次

第1章

数学で実世界の様々な複雑系問題に挑む

合原一幸（東京大学生産技術研究所）

最先端数理モデルプロジェクトの概要

私たちは2010年から4年ちょっとの時間をかけて、内閣府と日本学術振興会、さらには科学技術振興機構の支援を受け、「FIRST（Funding Program for World-Leading Innovative R&D on Science and Technology）最先端数理モデルプロジェクト」（複雑系数理モデル学の基礎理論構築とその分野横断的科学技術応用）を遂行しました。その目的は、「数学で実世界の様々な複雑系問題に挑む」ことです。

関連する分野は、たいへん広範囲に及びます。具体的に挙げると、例えば生命科学と関係する課題としては、脳、生命、健康、癌、免疫、あるいは新型インフルエンザ、風疹、デング熱やエボラ出血熱といった新興・再興感染症などがあり、これらの問題の対策の手立てとなる数理モデルを構築し、理論研究を進めてきました。さらに、私たちの生活に密接なかかわりのある21世紀の重要課題には、この他にも、社会インフラシステム（エネルギー・電力、情報、通信、交通）、経済、環境、地震などがありますが、これらの問題はいずれも広い意味で複雑系の問題として捉えることができます。

こうした複雑系の諸問題を解決するために、60年以上にわたって数学の工学・産業応用研究を担ってきた我が国独自の学問分野である「数理工学」と、その中で特に私が長らく手掛けてきたカオス、フラクタル、複雑ネットワーク理論を複雑系に応用する「カオス工学」に立脚した最先端の数理モデリングと数理解析、すなわち、〝複雑な問題を数理モデル化して数学的に解析する手法〟を駆使して取り組みました。さらに、これらの研究を核にして「複雑系数理モデル学」とも呼ぶべき基礎理論を開発し、将来にわたって様々な複雑系問題に適用できるような数学的基盤を構築しました。その最終的な目標は、複雑システム科学技術に基づき、数学の様々な実学への本格的応用に道を開くような、「複雑系数理イノベーション」を確立することです（図1）。

本章では、本書第2章以降でご紹介する、このプロジェクトに参加した5人の共同研究者が、数学をどのように実社会に活かすべく研究に取組んだかを理解するための背景について、概観したいと思います。

図 1　複雑系への数理工学的アプローチ

「複雑系数理モデル学の基礎理論構築とその分野横断的科学技術応用」

数理工学で実世界の複雑系に挑む！

背景

脳，生命，健康，癌，免疫，新興・再興感染症，社会インフラシステム（エネルギー・電力，情報，通信，交通），経済，環境，地震等々の 21 世紀の重要課題は，広い意味の複雑系の問題として，とらえることができる。

研究内容

数理工学，カオス工学に立脚した最先端数理モデリングと数理解析を駆使して，様々な複雑系問題解決のために，複雑系数理モデル学の基礎理論と分野横断的科学技術への実学応用の基盤を作る。

出口

複雑システム科学技術に基づいた，多彩な実学応用を拓く複雑系数理イノベーションを確立する。

日本の多くの大学の数学科で研究されている数学、いわゆる純粋数学は、数理的手法を用いて数学の世界の深い抽象概念や不変量、構造、パターンなどを研究するものです。これに対して私たちは、実世界で起こる現実の諸問題を解決するための数学である「数理工学」を研究しています。

数理工学を用いて現実の諸問題を数学的に研究するためには、まず、その問題を数学の世界に写像しなくてはなりません。それが数理モデリング、つまり、「数学を言語として現実を記述する」ための手法です。そして、現実の諸問題を数理モデルで表現することによって、問題を数理的な手法で解析することが可能になります（図2）。

しかし現実の問題を数理モデリングによって数学の世界に持ち込めたとしても、それを必ずしも既存の数理的解析手法で解決できるとは限りません。なぜならば、数理工学は実世界に開かれた数学であるため、既存の数学の〝想定外〟の問題をも対象にしますし、工学ですから、たとえ数学的に解がないもしくはそれを求めるのがきわめて困難なことが証明されたとしても、そこで諦めずに何らかの「近似解」を生み出す必要があるからです。そこでその場合には、問題を解くための数理的な

図２　「実世界で起こる現実の諸問題を解決するため」の数学である「数理工学」の方法論

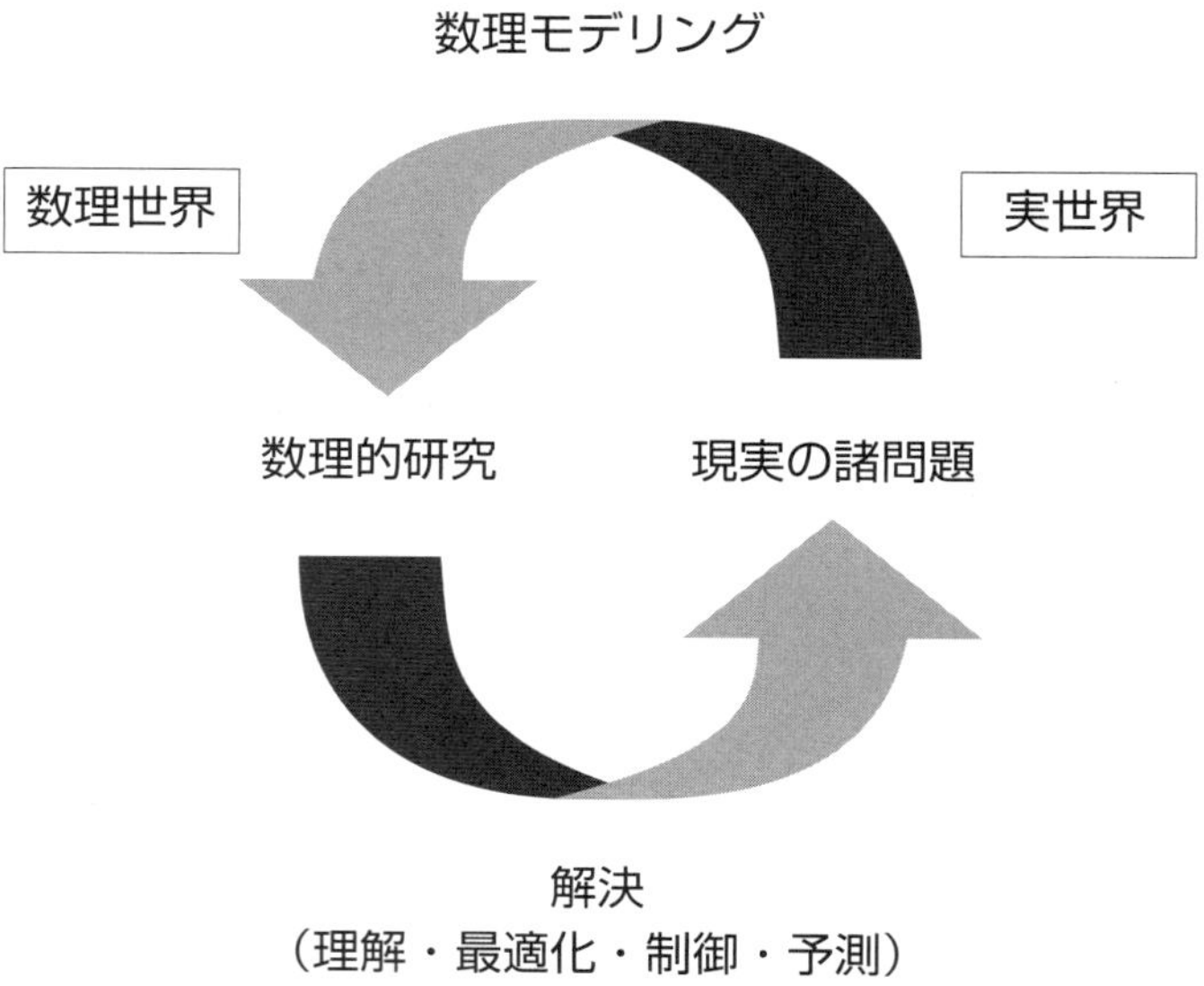

解析手法自体も、自分たちで作る必要があります。また、現実の問題を対象にする際には、「最適化」、「制御」、「予測」という工学的観点も重要になってきます。このように現実の問題を数理モデル化し数理解析することによってその解決を目指すのが、数理工学の方法論です。

私たちのFIRSTプロジェクトの研究内容は、多岐にわたっています。基本的には、複雑系のための数理的な基礎理論を作りながら、それを現実の複雑系の諸問題の数理モデリングとその数理解析に応用していくというものです。ただし、実際に現実の複雑現象の数理モデルを構築して研究してみると、そこから得られた様々な知見が基礎理論にフィードバックされて新しい理論の発展の契機となることも少なくないので、基礎研究と応用研究を連携させながら同時に進めることが大切です。

本書に登場する5人は、私たちのプロジェクトの中でも応用よりの研究に取り組んだ研究者が中心です。占部《うらべ》千由《ちより》さんは感染症伝播、近江崇宏さんは余震予測、阿部力也さんは電力システム、長谷川幹雄さんは通信技術、鈴木大慈《たいじ》さんはデータ解析などにも応用できる機械学習、を研究しています。いずれも私たちの暮らしに密接な関係があり、近年特に関心が高まっているテーマばかりです。

複雑系とは

読者の皆さんは〝複雑系〟と聞いてどんな印象を持たれるでしょうか？

複雑系は、通常極めて多様で多数の要素から構成されています。かつ多くの場合そこでは、要素が相互作用しながら全体のふるまいを生み出す一方で、そうやって生み出された全体のふるまいが各要素のふるまいに逆に影響を与えるような全体と要素間の階層的フィードバックが存在します（図3上）。例えば、脳はその典型例です。私たち人間の脳について言うと、脳はおよそ1000億個の神経細胞（ニューロン）が集まってできているネットワークです。これらの神経細胞の活動が電気信号と化学信号を介して、他の神経細胞に伝わり、その信号が処理されてまた別の神経細胞に伝わっていきます。このような1000億個の神経細胞の活動によって、脳全体として意識が生み出されます。他方で、このように生み出される私たちの意識のありようによって、各神経細胞の活動が時々刻々変化します。つまり全体のふ

図３　複雑系研究のための理論的プラットホーム

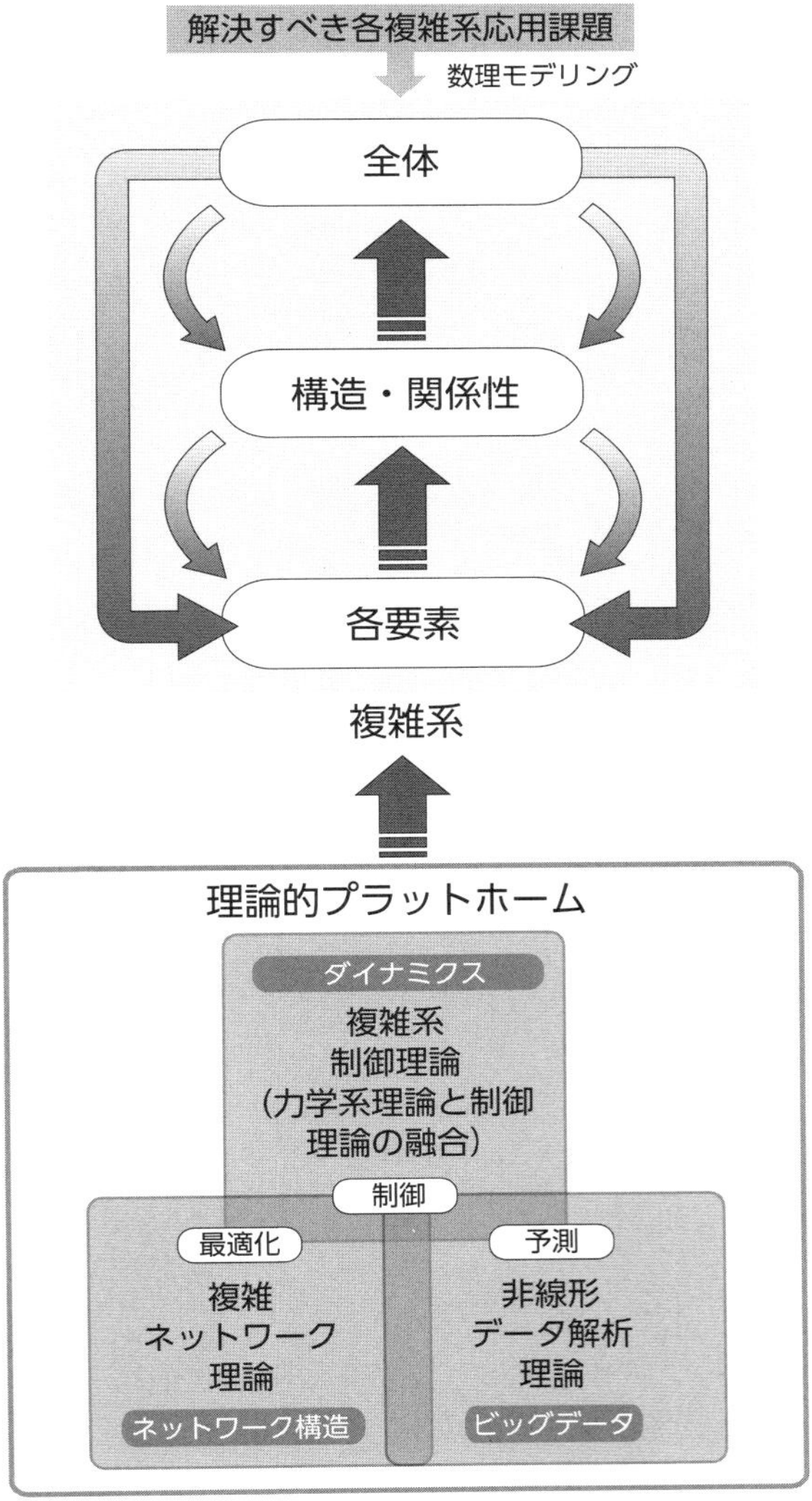

るまいが各要素にフィードバックされて要素のふるまいが変わり、その結果全体のふるまいがさらに変化します。この繰り返しで私たちの複雑な思考が生み出されるのです。

20世紀の科学は、複雑な事象を理解しようとする時、その事象をより単純な要素へと次々に細かく分割していき、その根源要素の性質を解明してその重ね合わせで元の事象を理解しようという考え方、すなわち要素還元論に基づいていました。例えば、物質を理解するには、原子を調べ、さらに小さい素粒子を調べるというものです。同様に生物を理解するには、細胞を調べ、さらにはゲノムを調べるということになり、その結果様々な生物のゲノム配列が次々と解明されています。しかしながら、いくらそうした研究を重ねても、生物全体としてのふるまいがすべて明らかになるわけではありません。複雑系の問題は、各要素と全体の間に階層的フィードバックが生じるために、要素還元論的に理解することも逆に全体還元論的に理解することも、どちらか一方だけでは不十分なのです。

そうした意味で、全体と各要素が循環する複雑系という捉え方をしなければ分からない多くの難しい問題（図1）が21世紀に持ち越されています。ここで注目すべきなのは、各要素がお互いに影響を与えてネットワークを作るその中間レベルです。この中間レベルにおける要素間の関係性やネットワーク構造の記述は特に重要であり、これを私たちはとりわけ重視しています。

複雑系のための理論的プラットホーム

冒頭に述べたように、社会的緊急性・重要性が高い研究対象として、様々な複雑系の問題が21世紀を通して現れてくることが予想されるので、それらの将来の研究にも使える理論的な汎用プラットホームを作るというのが、まずは基礎理論研究の重要な研究課題でした。

この複雑系数理モデル学の理論的なプラットホームを、主として3つの理論から構築しました（図3）。1つ目は、複雑系のダイナミクス（動力学的特性）を対象とする「複雑系制御理論」です。次に、「複雑ネットワーク理論」があります。これは、前述した中間レベルの要素間の関係性やネットワーク構造を具体的に記述し解析する方法論です。さらに、例えば、健康、疾病、地震や経済など一般社会の関心が高い複雑系に関しては、膨大なデータが観測されます。近年、これらはビッグデータと呼ばれてその活用がたいへん注目されています。3つ目の理論的プラットホームの柱として、これらビッグデータを解析するための「非線形データ解析理論」があります。

これら3つの理論を応用寄りの観点で見ると、「複雑系制御理論」は主に「制御」を扱うものです。一方、「複雑ネットワーク理論」は「最適化」、「非線形データ解析理論」は「予測」と密接に関係します。つまり様々な複雑系の問題を数理モデル化して、さらにそれを理論的に解析することによって、「ダイナミクス」の解明と「制御」機能、「ネットワーク構造」の解明と「最適化」機能、「ビッグデータ」の解明と「予測」機能を実現するという理論体系になっています（図3）。

数理モデルの歴史

数理モデルの歴史は、近代科学としては17世紀のニュートン力学に始まります。天体の運動方程式がニュートン（1643～1727）により導かれ、太陽と地球のような2つの天体が万有引力によって相互作用する際の運動、すなわち2体問題の理論的な解によりケプラーの三法則が数理的に基礎づけられました。このように、「数理モデルを作って解もきちんと求めて問題を解決するパラダイム（枠組み）」をここでは「ニュートン・パラダイム」と呼びます。

ところが、実社会の現実のシステムの多くは、その諸特性をグラフに表した時に直線にはならない非線形特性（図4）を有するシステムです。このような非線形システムに関しては、多くの場合数理モデルの式は書けてもその解は直接には求まりません。19世紀末になって、それを解決したのが、フランスの数学者ポアンカレ（1854～1912）、そしてドイツの数学者ルンゲ（1856～1927）とクッタ（1867～1944）です。

式があれば、たとえ解が求まらなくても式を基にして様々な性質が分かります。ポアンカレの数学的方法では、「安定な解はこの範囲にある」とか「安定な解は周期的に変動を繰り返す解である」といったような数学的性質が、解自体は直接求まらなくても式を調べることによって分かります。一方、ルンゲとクッタの方法は、今や全盛である、コンピューターを用いた数値計算によって近似解を求める方法の

図４　線形と非線形

線形特性

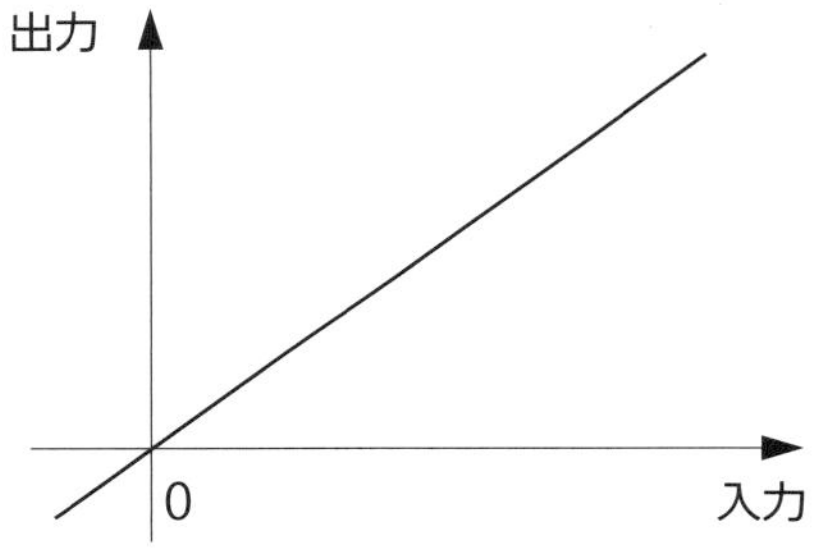

非線形特性

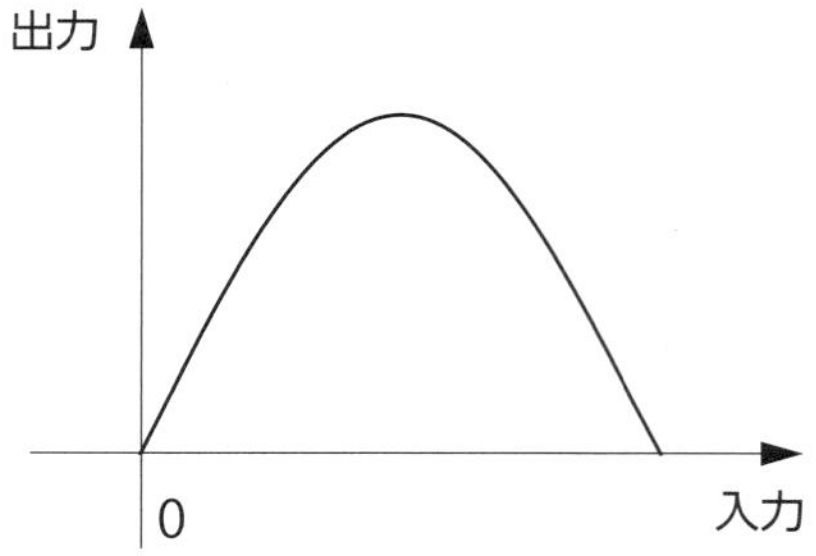

基となった、近似計算のアイデアです。すなわち、この「ポアンカレ‐ルンゲ‐クッタ・パラダイム」では、式は書けてもその非線形性ゆえに直接解いて解を出すことはできない非線形システムに対して、上記のような手法でその解に関する情報を得ていきます。

さらに、1980年代になると、様々なデータそのものからコンピューターの中に方程式に対応する特性をアルゴリズムとして作れるようになりました。つまり、方程式が書けなくても、データから方程式に代わるものが構成でき、コンピューターを用いてその解に対応するものが求まるのです。その基礎となる「力学系の埋め込み定理」が証明されたのが1981年です。この「アルゴリズミック・パラダイム」は、現在ビッグデータの時代を迎えて増々重要になってきています。

力学系理論と制御理論

この世の中の動的現象（ダイナミズム）を扱う理論として、数学の世界には力学系理論があり、工学の世界には制御理論があります。ところが、分野が違うので相互の交流はほとんどなく、かつそれぞれが急速に大きく発達し続けています。そこで、私たちのプロジェクトではこの2つを融合させて、複雑系のための理論的プラットホームのひとつである複雑系のダイナミクスを解析してそれを制御する強力な手法としての「複雑系制御理論」を作りました。

力学系理論は、前述した17世紀のニュートンの運動方程式から始まっています。この出発点である2体問題の運動方程式自体が、すでに非線形な微分方程式です。2体問題が解けた後の天体力学の主要な研究テーマであった「3体問題」は、3つの天体（たとえば、太陽と地球と木星）が万有引力によって相互作用する時どのような運動が生成されるのかを求めるものでした。実はそこではカオス解（後述）が出てくることが、今ではよく知られています。そういう意味で、力学系理論は、最初から非線形でかつカオスのような不安定な現象を対象としていたわけです。

さらに元々の背景が天体力学という宇宙スケールの問題なので、望ましい状態を実現するために外部から制御入力を加えるといった発想はありません。そのような流れで研究が進んできているため、力学系理論は、非線形、不安定で、外部からの入力がない自律系の問題を主として対象にしています。

図５　複雑系制御理論：力学系理論 と 制御理論の融合

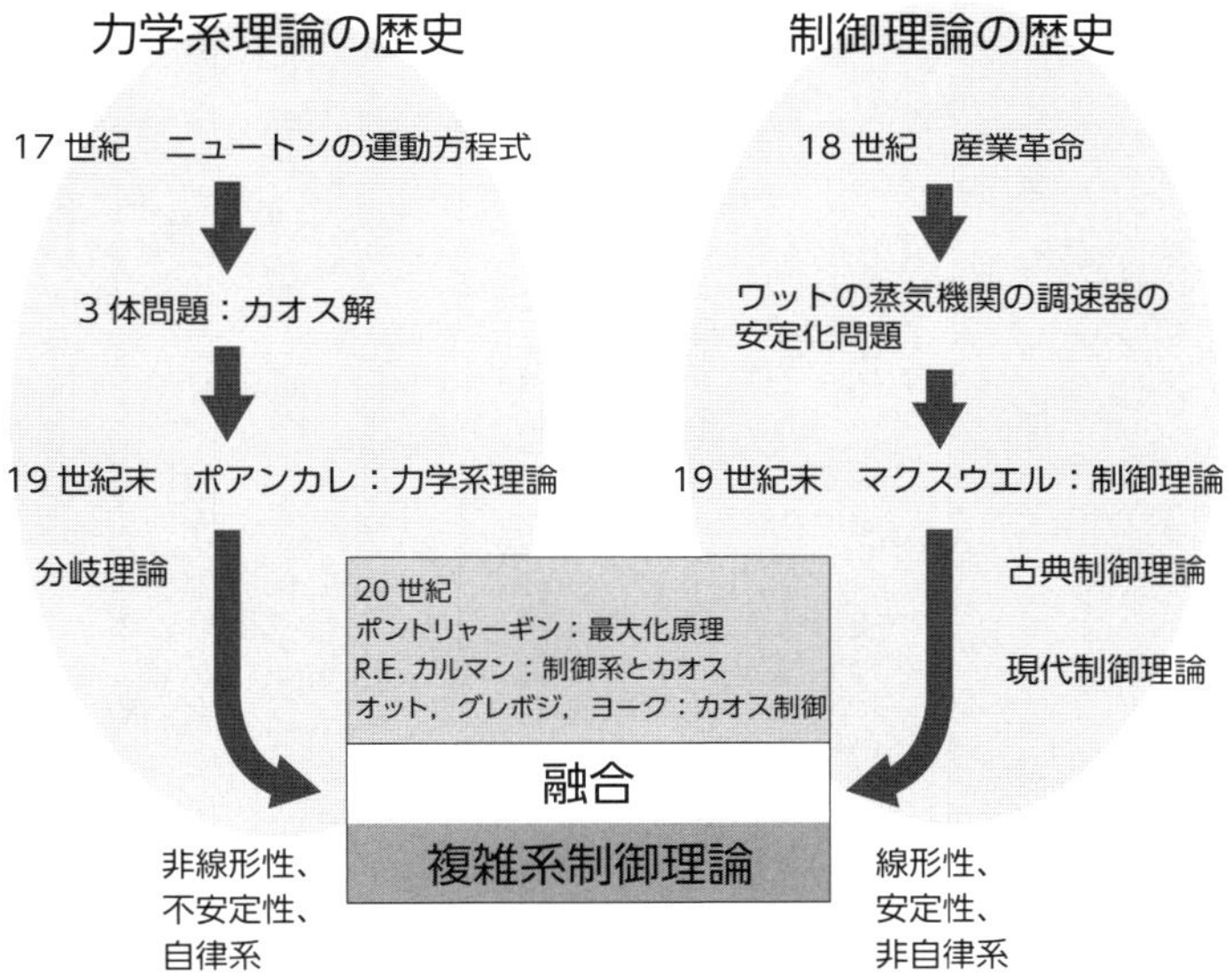

一方、制御理論は、18世紀の産業革命に起源があります。イギリスのエンジニアであったワット（1736～1819）が発明した蒸気機関は、大規模化するにつれて振動が生じるなど、動作が不安定になっていきました。それを抑える（つまり制御する）理論が必要になり、同じくイギリスのマクスウェル（1831～1879）らが制御理論の構築を始めました。この制御理論は基本的に線形理論の枠組みでできています。また、安定性を担保するために始まった理論なので、今でも安定性にかかわる問題が制御理論の主要課題であり、かつ様々な入力を考慮するので、外部入力のある非自律系として記述されます。

このように、力学系理論の特徴（非線形性、不安定性、自律系）と制御理論の特徴（線形性、安定性、非自律系）は相補的な関係にあります。したがって、これらを融合することによって非常に強力で新しい制御理論が構築できます。これが、前述した複雑なダイナミクスを解析し制御するための「複雑系制御理論」です（図5）。

線形と非線形——二次関数を例にして

線形特性の典型的な例に「オームの法則」があります。皆さんも中学校の理科で勉強した記憶があると思います。「オームの法則」は電流と電圧の関係が直線のグラフで表せる線形の法則です（図4上）。この概念を多次元に一般化・拡張したのが様々な線形の理論です。

ところが、実際の世の中のシステムの特性は、完全な直線ではなく、必ず曲がります。非常に小さな領域を見れば直線で近似できますが、全体を見ると曲がっています。曲がっているものは、すべて非線形です。この非線形特性（図4下）をどう記述しどう取り扱うかが、非線形システムが生み出す諸現象を対象とする非線形科学の重要な研究テーマになります。

ところで、私たちが最初に出会う非線形特性は、中学校や高校の数学で習う二次関数です（図6）。この二次関数は、非線形理論の世界への入り口になるので、とりわけ重要です。なぜなら、一次関数のグラフは線形ですが、二次以上の関数は、

図6　2次関数によって作られるロジスティック写像

2次関数：

$$y = ax(1-x)$$
$$= -a\left(x-\frac{1}{2}\right)^2 + \frac{a}{4}.$$

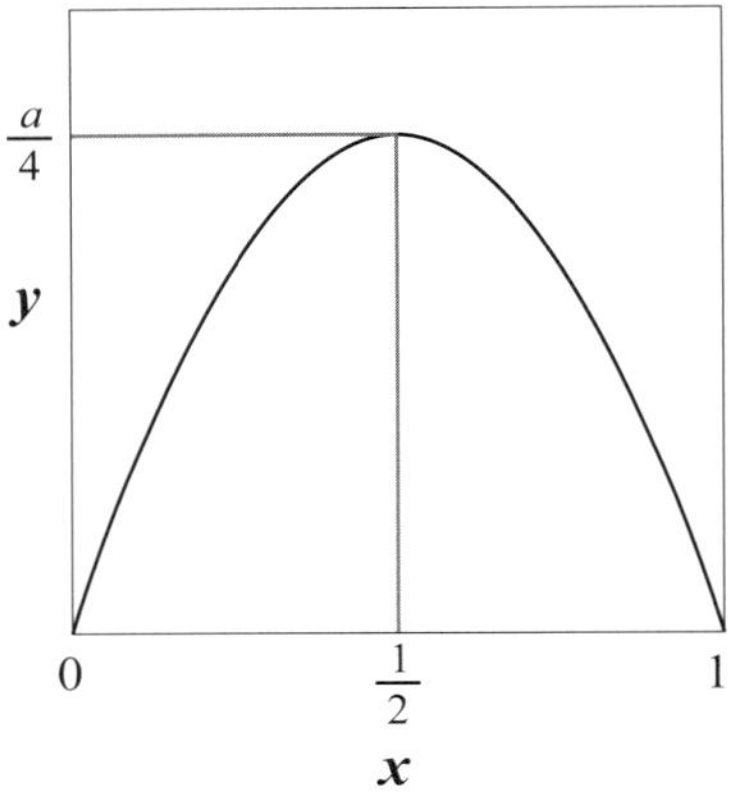

ロジスティック写像：

$$x(t+1) = ax(t)(1-x(t)),$$

ただし、　状態変数　$x \in [0,1]$,

時間　$t = 0, 1, 2, ...$

分岐パラメータ　$a \in [0,4]$.

三次も四次も五次も非線形で、この意味で二次関数は最も単純な非線形と言えるからです。しかしながら、非線形の世界では、最も単純な二次関数であっても驚くべき複雑な現象が起きます。

次に、この二次関数を用いて具体的に複雑な現象を見てみましょう。

図6のように縦軸にyをとり、横軸にxをとると、二次関数のグラフは放物線を描きます。この放物線の特性を用いてダイナミクスを生み出すような式を作ってみましょう。

図6の横軸xを時刻tの値$x(t)$、そして縦軸yをその次の時刻$t+1$の値

図7　パラメータ a の効果

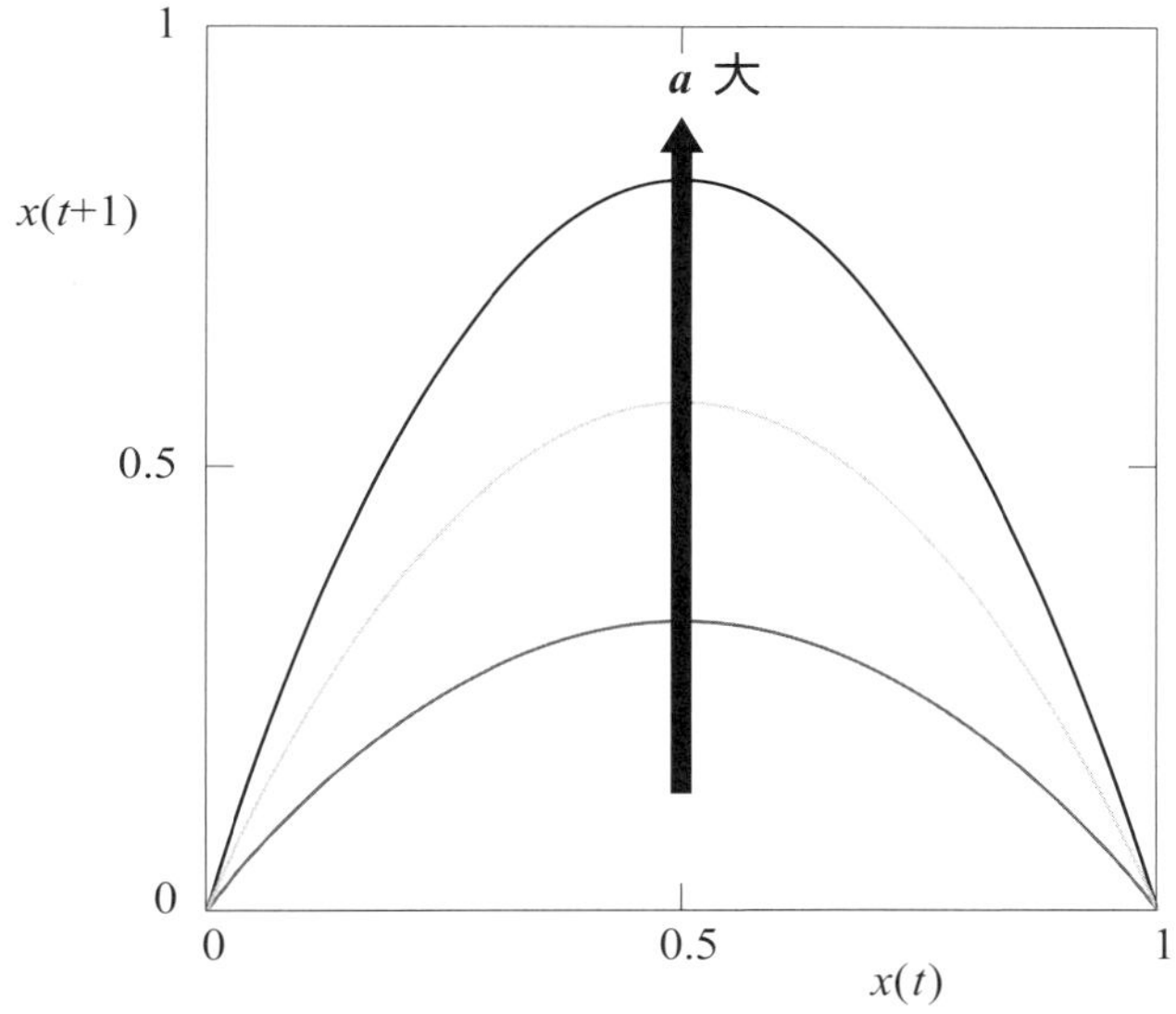

$x(t+1)$ だと読み換えてみます。ここで、t は0以上の整数、すなわち、$t=0, 1, 2, \ldots$ です。すると、この二次関数を用いて、$x(t+1) = ax(t)(1-x(t))$ という非線形の漸化式（数列を再帰的に定める等式のこと。ここでは $x(t+1)$ を $x(t)$ を用いて求める規則を与える式のこと）ができます。すると、時間 t の経過とともに $x(t)$ の値が変化していくので、ダイナミクスを記述することができるのです。この式は、非線形科学の世界では有名で、ロジスティック写像と呼ばれて

図８　a＝2.4 の時のロジスティック写像ダイナミクスの周期１の解への収束

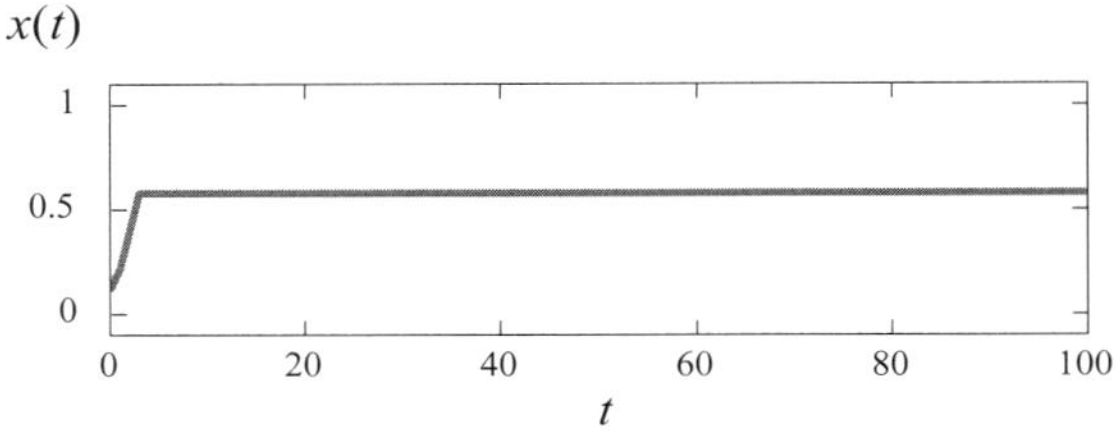

います。ちなみに、この式のように確率的変動や雑音のようなあいまいさのない法則を決定論的法則と呼びます。

ここで、この「二次関数、すなわち放物線で描かれるロジスティック写像」の a というパラメータは放物線の頂点の高さを変化させます（図７）。なぜなら、頂点の高さは $a/4$ となるからです。そこで、このパラメータ a の値を変えながら、各々の a の値で先ほどの漸化式、すなわちロジスティック写像によって求められる解のふるまいを観察してみましょう。

まず、a の値が小さいと（例えば $a = 2.4$）、x は時間とともに一定の値に落ち着いて収束します（図８）。この収束した解を、不動点もしくは周期１の解と呼びます。次に a の値をもう少し大きくして例えば $a = 3.2$ とすると、今度は２つの値を交互に取る周期２の解に

図９　a=3.2 の時のロジスティック写像ダイナミクスの周期２の解への収束

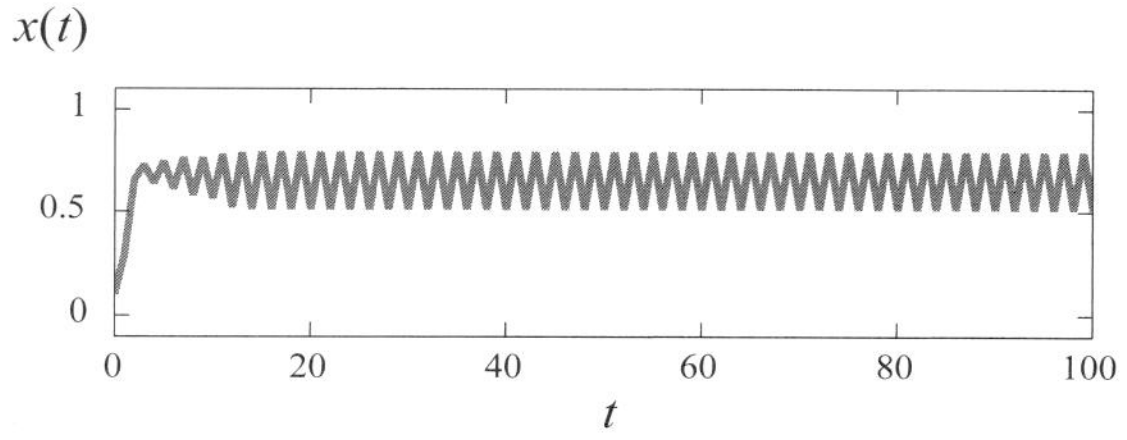

収束していきます。すなわち、全く違うふるまいが出てきます（図９）。さらに a の値を上げて、例えば a = 3.5 にすると、異なる４つの値を順にとる周期４の解に収束します（図10）。そして a = 3.7 になると、もしも無限の精度で計算できれば、周期が無限大、すなわち二度と同じ値をとらない非周期的な解になるのです。この状態をカオスといいます。ところがこれよりも a の値を上げて、例えば a = 3.84 にすると、今度は３つの値を順にとって繰り返す周期３の解に収束します。次にもっと a の値を上げて例えば a = 4.0 とすると再びカオスの状態になります。つまり、a の値を変えていくと、その最終的に得られる解が次々と複雑に変わっていくのです（図10）。

　この解の変化は非常に複雑なので、通常非線形科学の世界では、横軸にパラメータ（上の例だと a で、分

図10　aをさらに大きくした場合の解の例

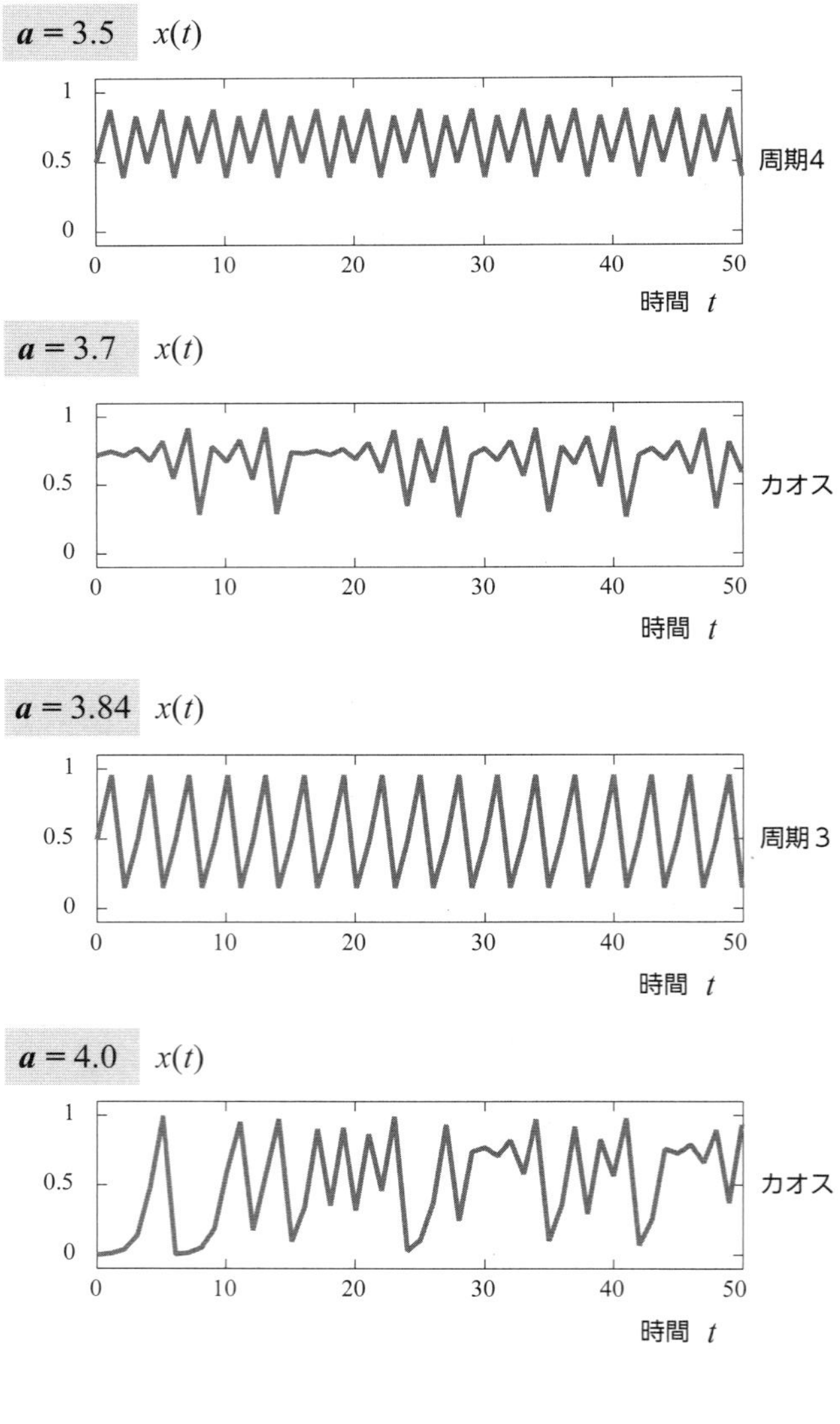

岐パラメータと呼びます）の値をとって、縦軸に最終的に収束する状態の値（上の例だとxの値）をとった「分岐図」を描いて全体を俯瞰します（図11）。aが3より小さい時は一定の値（周期1）、すなわちあるaの値に対して$x(t)$のただ1つの収束値が決まるので、1本の曲線が現れます。しかしaが3より大きくなると2つの異なる値を交互にとる周期2の解へと分岐するので、2本の曲線に枝分かれします。周期1から周期2へと周期が2倍になるので、周期倍分岐と呼びます。さらにaを増加させると再び周期倍分岐を生じて、次は2の2倍で周期4の解が現れます。このようにaを大きくしていくと、2のn乗の形で周期が増えていく「周期倍分岐」を次々と生じて、やがて周期は2の無限大乗（$n→∞$）の無限大となって、非周期解であるカオスが現れます。

図11の中で、解が多くの値をとって黒く見える部分がカオスの状態を示します。ただし、黒い領域のあちこちに、白く抜けて見えるところがあります。たとえば、a = 3.84の時の周期3の解はこの部分で見られます。この分岐図（図11）の一部分を拡大すると、図12のように図11とよく似た図が得られます。さらに、この図12の丸印の中を見ると再び図11の分岐図の全体とよく似た構造が見えます。このように

図 11　ロジスティック写像の解の変化を俯瞰する分岐図

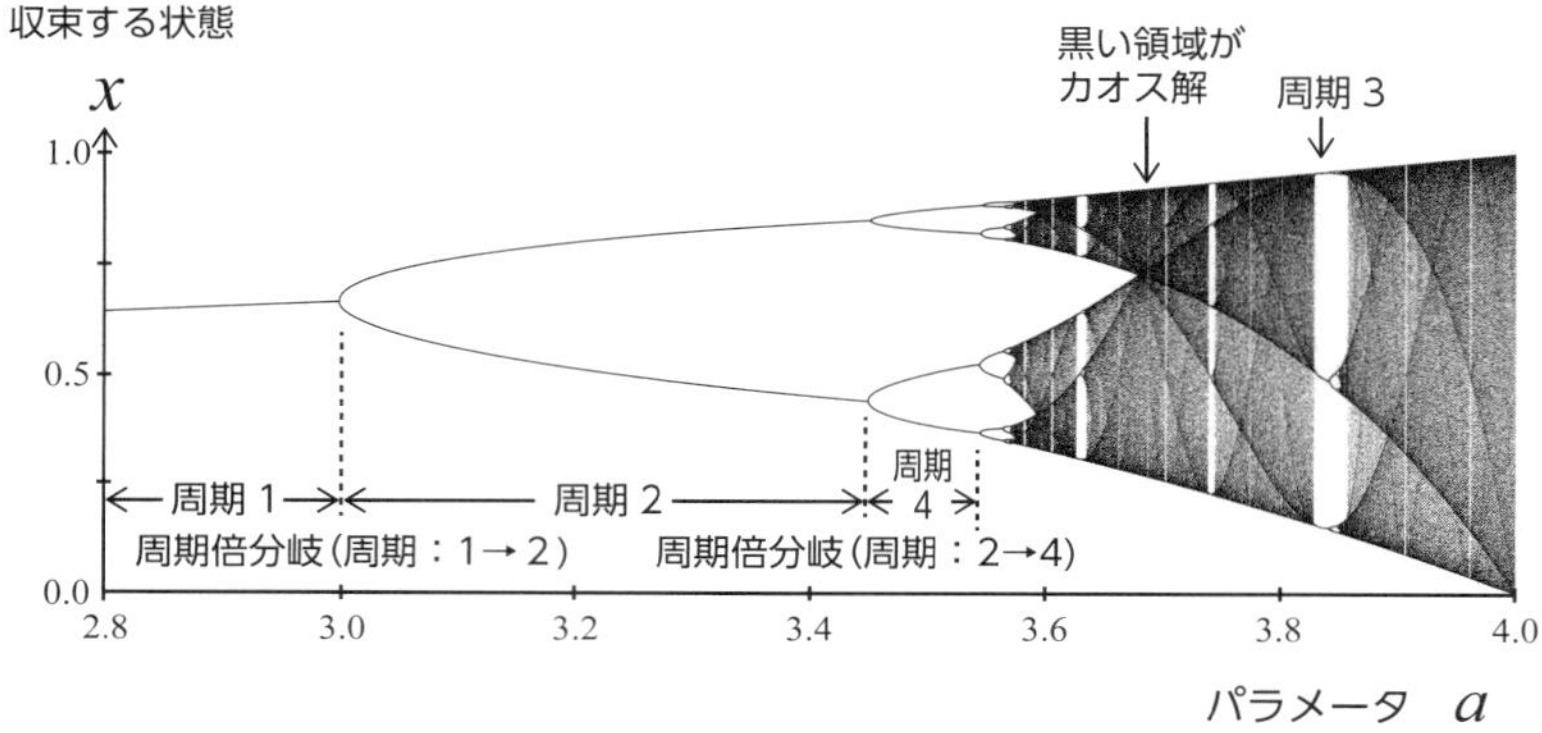

図 12　図 11 の分岐図の一部分を拡大した分岐図

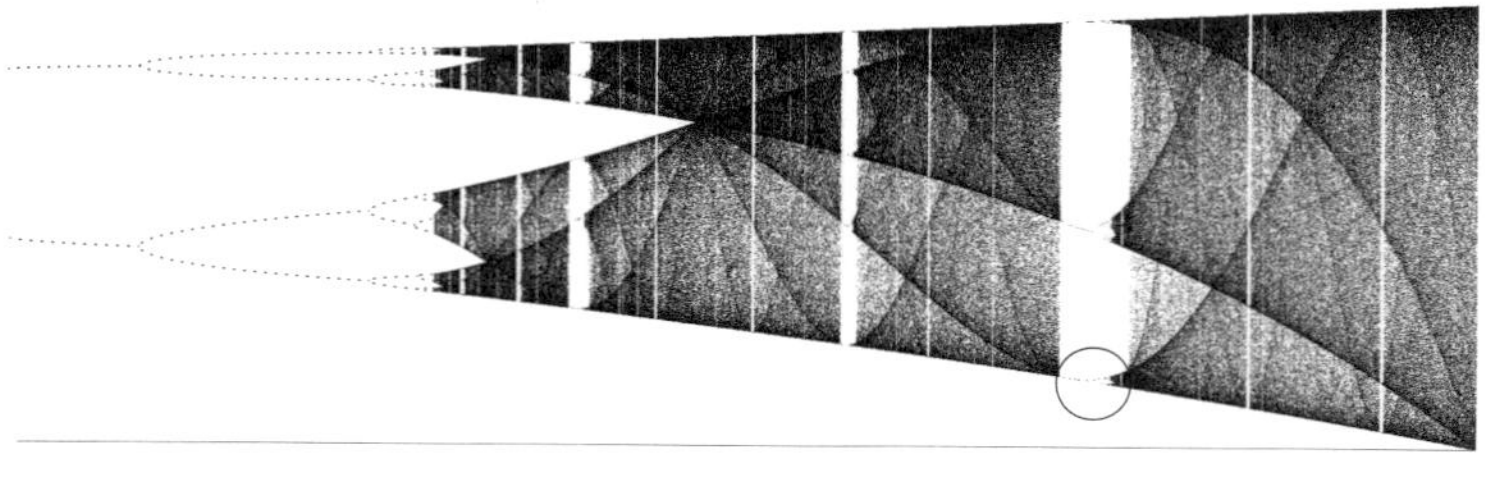

拡大を何回続けても、図11の全体の分岐図とよく似た構造が、無限に繰り返し現れます。このような自己相似的構造を「フラクタル的」と言います。これらの結果からわかるように、二次関数という最も単純な非線形システムであっても非常に複雑な現象が起きており、数学的にはまだ完全にはわかっていないことも多いのです。

複雑さのからくり

さて次に、時間の経過とともに複雑な変動を見せる図13の2つの時間波形を見て下さい。横軸が時間、縦軸が変数の値で、時間は、t=0, 1, 2, … とやはり整数で経過するとします。図に示した2つの例は、どちらも平均値と変動の大きさがほぼ同じくらいで、上がったり下がったりきわめて複雑に変化しています。しかし、実はそのからくりは全く異なっているのです。

この性質の違いを見抜くために、この時間波形のデータを使って別のグラフを作ってみます（図14）。これは、ある時刻の値とその次の時刻の値との関係を次々とプロットしていく「リターンプロット」という方法です。横軸にある時刻tの値、縦軸にその次の時刻 $t+1$ の値をとり、時間の経過に伴って変動する観測データを用いて、$x(t)$ と $x(t+1)$ という2つの座標軸で表される平面上に順次プロットして（点を打って）いきます。このプロットを図13の２つの複雑な時間波形データそれぞれについて行ないます。すると、先ほど一見同じように複雑な時間的ふるまいを見せていた2つのデータは、それぞれ全然違う構造を持つことがわかります（図15）。

まず図15ｂのグラフは、点が乱雑に広がっています。図13ｂのデータは、コバルトのガンマ放射の時間間隔の時系列データです。ポアソン過程という確率現象であることがわかっています。すなわち図15ｂは、図13ｂの時間的複雑さを生み出している確率論的な原因である確率分布（指数分布）を反映しています。このように確率論的な法則に従って現れてくる複雑なふるまいは、以前からよく知られていました。一方、図15ａのグラフはきれいな放物線を描いています。実は、図13ａの波形は先程述べた二次関数のロジスティック写像を用いて、$a=4$ として順次決定論的に計算したものです。もともと計算式が二次関数の放物線の決定論的法則に従っているので、それゆえにリターンプロットを取ると、きれいな放物線が現れるのです。

つまり複雑なふるまいを生み出すからくりには2種類あり、「確率論的な法則に

図13　複雑な変動を見せる時間波形データ

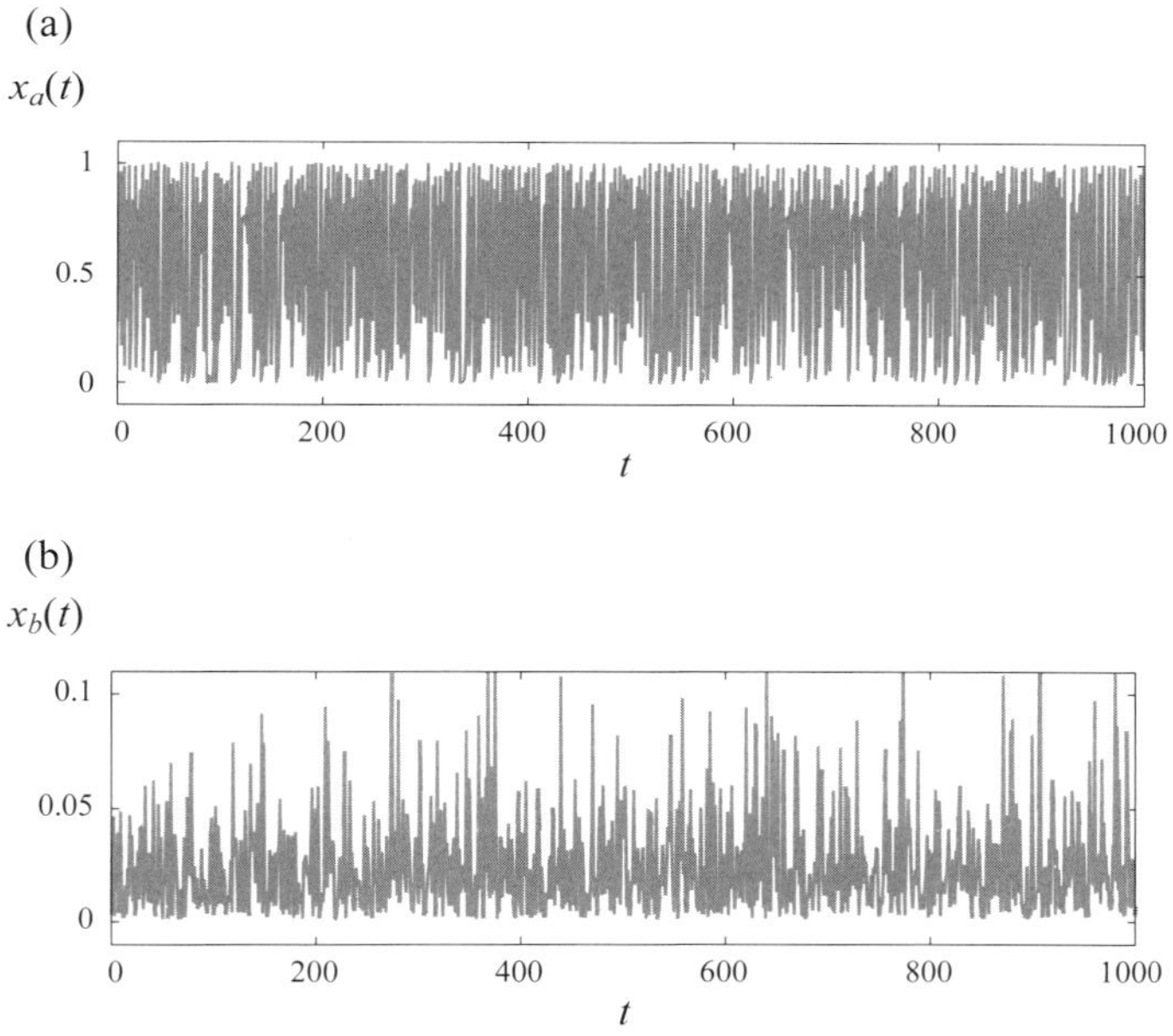

図14　リターンプロットの原理図

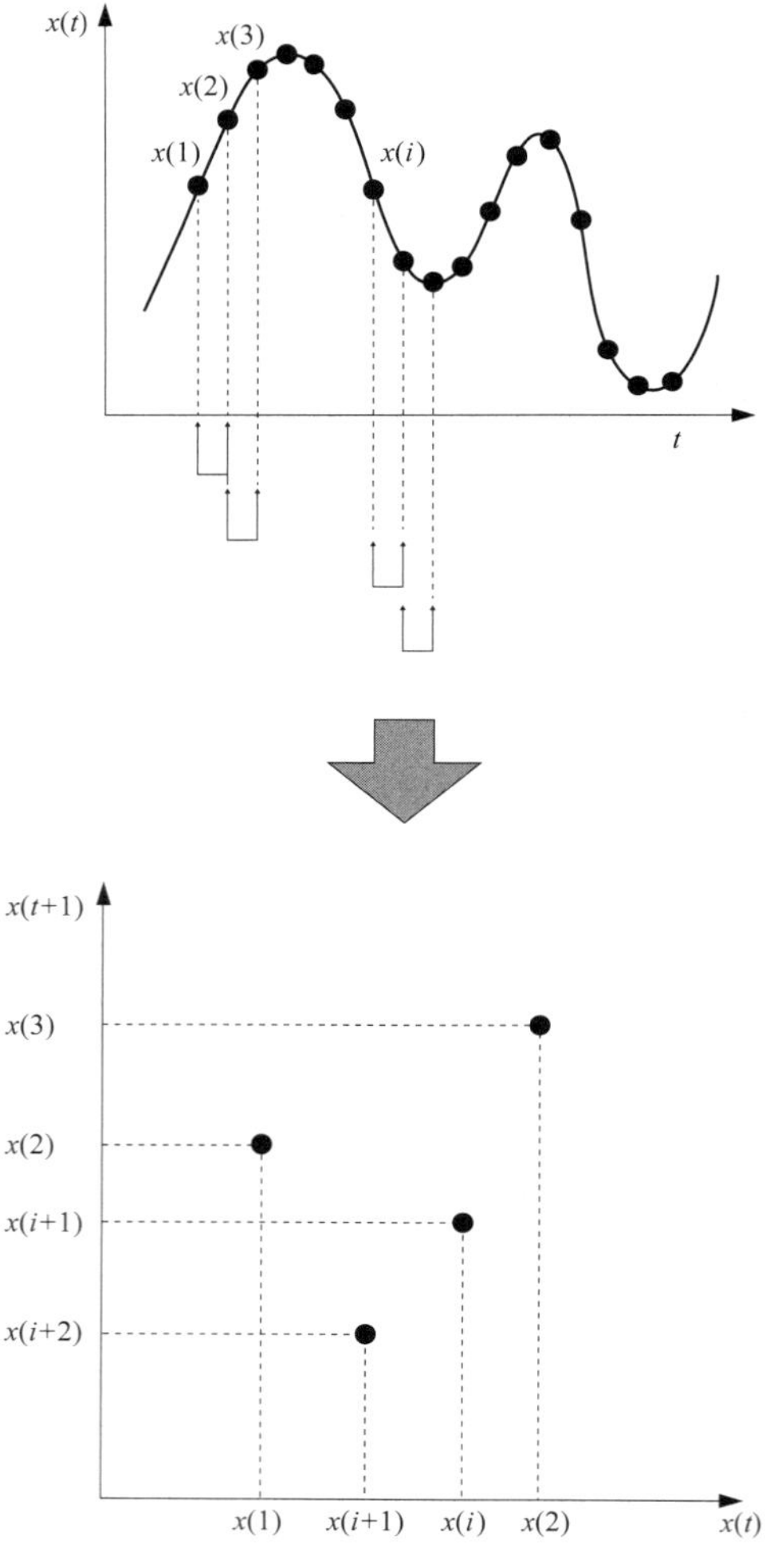

よるもの」と、「決定論的な法則によるもの」とがあるのです。確率論的な現象は、次に何が起きるかは確率論的にしか分からないわけですから、ふるまいが複雑になるということは容易に理解できます。一方、単純な決定論に従うシステムのふるまいは単純だろうと、以前は漠然と考えられていました。なぜなら、最初の値が決まれば、未来永劫の値も原理的には決まってしまうからです。ところが、上の例に示したように、予想に反して二次関数という最も単純な非線形性を持つ決定論的法則がきわめて複雑なふるまいを生み出したことからこの現象が驚きをもって受け止められ、カオスの研究が始まりました。40年程前のことです。

ここで重要な点は、図13aの複雑な時間波形データが観測された場合に、たとえそれが二次関数から生成されたことを知らなかったとしても、リターンプロットをとることで放物線が現れ、このデータが元々放物線で表される決定論的な法則から生み出されたのだ、ということがわかるということです。このように様々な時間波形データがとれると、もしそのデータが決定論的法則に従って生み出されているのならば、データをもとにしてその背後の法則に相当する数理モデルを作り出すことが可能になります。これが、先に述べた「アルゴリズミック・パラダイム」です。

図15　図13の2つの時間波形データのリターンプロット

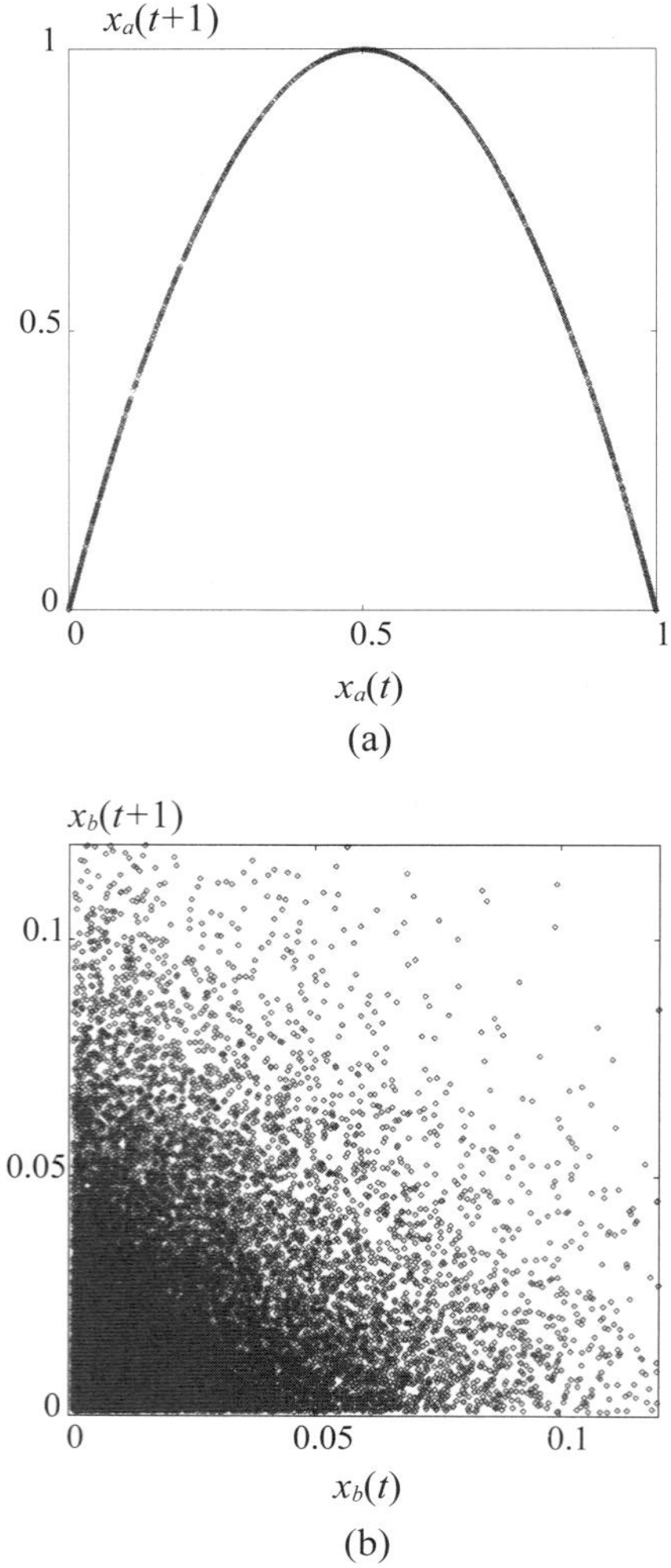

ヤリイカの巨大神経軸索を使った実験データからの数理モデル構築

では具体的に、実際の神経細胞から得られたデータを使って数理モデルを作った例を紹介しましょう。ヤリイカの巨大神経軸索を使った実験です。

ヤリイカは、たいへん太い神経軸索を持っている動物です。神経軸索というのは、神経細胞の電気ケーブルの役割をする部分です。この神経軸索が人間の場合は数μmから数十μm程度なのに比べて、ヤリイカはなんと1㎜近い巨大な神経軸索を2本持っています。このように実験しやすい巨大神経軸索を持つヤリイカは、神経科学の実験材料として広く使われてきました。

このヤリイカの巨大神経軸索に周期的な電気パルスから成る電気刺激を与えて、神経軸索の電気的な応答を時系列データとしてとると、複雑で乱れた応答波形が観測されます。このデータに関して図14の方法でリターンプロットをとってみると、図16の結果が得られました。明らかに図15bのような確率的な分布とは違うことが分かります。ロジスティック写像の放物線ほど単純な形ではありませんが、一旦上がってから下がってまた上がる、一次元写像的な構造が見えます（図16）。この結果により、ヤリイカの巨大神経軸索の複雑な応答は、一見不規則な変動をしているように見えますが、実はある一次元写像的法則に従っているのだということがわかります。すなわち、カオス的応答になっています。

この実験結果をもとに、実際の神経細胞の性質を考えながら、上がって下がってまた上がるという特性を数理モデル化したのが、カオスニューロンモデルと呼ばれる図17の式です。簡単な数理モデルですが、実際のヤリイカ巨大神経軸索のふるまいをよく再現できます。この数理モデルによって、単一の神経細胞のカオス的応答特性が記述できます。一方、実際の生物の脳は多数の神経細胞（人間の脳は約1000億個の神経細胞）が複雑なネットワーク状につながって構成されています。そこで、1個の神経細胞のふるまいを数理モデル化できれば、次のステップとしてそれを用いて数学的にネットワーク（神経回路網）を構築してみて、それを数学的に解析することによって、脳が備えているいろいろな性質を数理モデルから引き出すことを試みたり、脳の計算原理を理論的に探ったりするといった研究を行います。

図16　ヤリイカ巨大神経軸索のカオス応答のリターンプロット

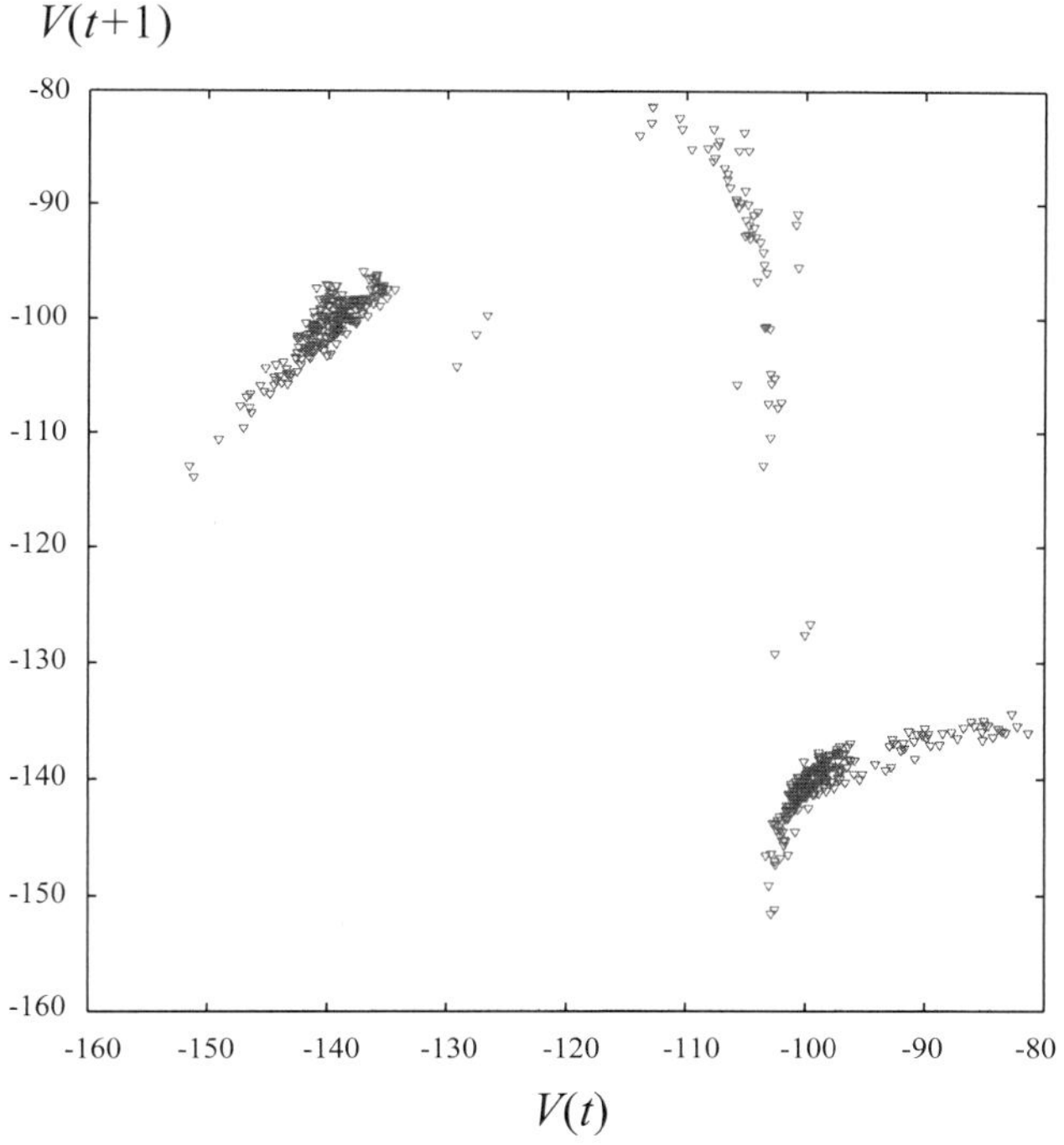

図17　カオスニューロンモデル

$$x(t+1) = kx(t) - \alpha \frac{1}{1+\exp(-\varepsilon x(t))} + a$$

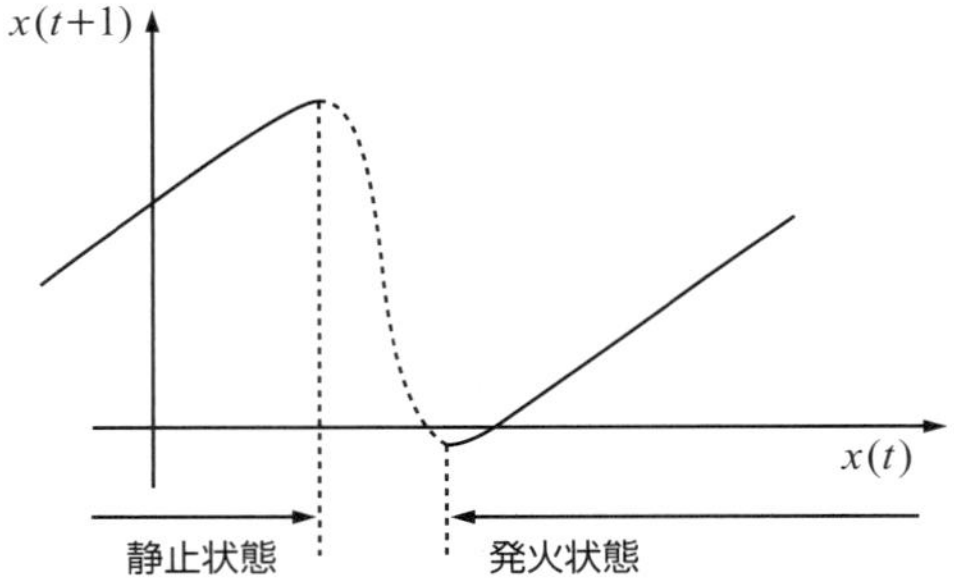

一般に複雑なシステムや現象に関しては、様々な数理モデルを作ることができます。１つの典型例は定性的な数理モデルで、定量性は無視、すなわち量的情報は考えずに、性質として同じようなふるまいを生み出すような数理モデルを作る方法です。カオスニューロンモデルは、上がって下がってまた上がるという実験データの定性的特性の再現を目指した、定性的モデルの典型例です。他方で、あるシステムや現象の定量性まできちんと記述しようとする場合は、通常かなり複雑な数理モデルを構

築することにならざるを得ません。このため、個々の研究者が複雑な現象のどういう特性に興味があってどういう観点から解明したいかによって、構築する数理モデルは変わってきます。

前述の神経回路網の場合は、人間の脳のような膨大な神経回路網がどのようなふるまいをしているのか、ということを調べたいのですが、1つひとつの神経細胞の数理モデルとしてはなるべく単純な方が数学的扱いが容易です。そこで、カオスニューロンモデルの導出に際しては、神経細胞の特徴的な2つの性質のみを考慮しました。1つはアナログ的な入出力特性で、もう1つは不応性という、一度神経細胞が発火するとその後しばらくは発火しにくくなるという性質です。これら2つの性質を考慮して構築した単純な数理モデルが図17のカオスニューロンモデルです。

しかし、これ以外にも、様々な神経細胞の数理モデルが作れます。定量的な数理モデルの典型例に、神経細胞における発火、すなわち活動電位の発生メカニズムを現象論的に記述した、イギリスの生理学者のホジキン（1914～1998）とハクスレイ（1917～2012）の微分方程式モデルがあります（図18）。

活動電位とは脳の中で情報をコードしているとされる電気パルスのことで、この

図 18　1963 年にノーベル生理学・医学賞を受賞した
ホジキンとハクスレイの微分方程式

$$\frac{dV}{dt} = I - 120.0m^3h(V - 115.0) - 40.0n^4(V + 12.0) \\ - 0.24\,(V - 10.613),$$

$$\frac{dm}{dt} = \frac{0.1(25 - V)}{\exp(\frac{25 - V}{10}) - 1}(1 - m) - 4\exp(\frac{-V}{18})\,m,$$

$$\frac{dh}{dt} = 0.07\exp(\frac{-V}{20})(1 - h) - \frac{1}{\exp(\frac{30 - V}{10}) + 1}\,h,$$

$$\frac{dn}{dt} = \frac{0.01(10 - V)}{\exp(\frac{10 - V}{10}) - 1}(1 - n) - 0.125\exp(\frac{-V}{80})\,n,$$

ここで、 V ：膜電位，
I ：膜電流，
m ：ナトリウム活性化変数　$(0 \leq m \leq 1)$,
h ：ナトリウム不活性化変数　$(0 \leq h \leq 1)$,
n ：カリウム活性化変数　$(0 \leq n \leq 1)$.

活動電位の生成プロセスの解明が、20世紀前半の神経科学のきわめて重要な研究課題となっていました。彼らは、ヤリイカ巨大神経軸索に関して電気回路のモデルを作り、その定量的な特性を微分方程式で定式化することに成功して、1952年にその理論を発表しました。これは神経科学の分野で大成功した数理モデルの代表例で、彼らはこの研究で1963年にノーベル生理学・医学賞を受賞しました（図19）。

しかし、このホジキン-ハクスレイ方程式は図18のように大変複雑な非線形性をもつ微分方程式で数学的には扱いにくかったので、その後アメリカのフィッツフューと、私たちの数理工学分野の大先輩である南雲仁一先生、有本卓先生、吉澤修治先生がこの微分方程式を単純化しました。これが現在フィッツフュー-南雲方程式と呼ばれるもので、ホジキン-ハクスレイ方程式と同じような特性を定性的に表し、かつ数学的な解析も深く行なえる微分方程式の数理モデルです（図20）。南雲先生たちの論文は1962年に発表されましたが、この論文の中で、この微分方程式を実際の電子回路で実現する電子回路モデルも提案されています。

このように、たった1つの神経細胞でも、ホジキン-ハクスレイ方程式のような複雑な数理モデルもあれば、フィッツフュー-南雲方程式のように単純化した数理

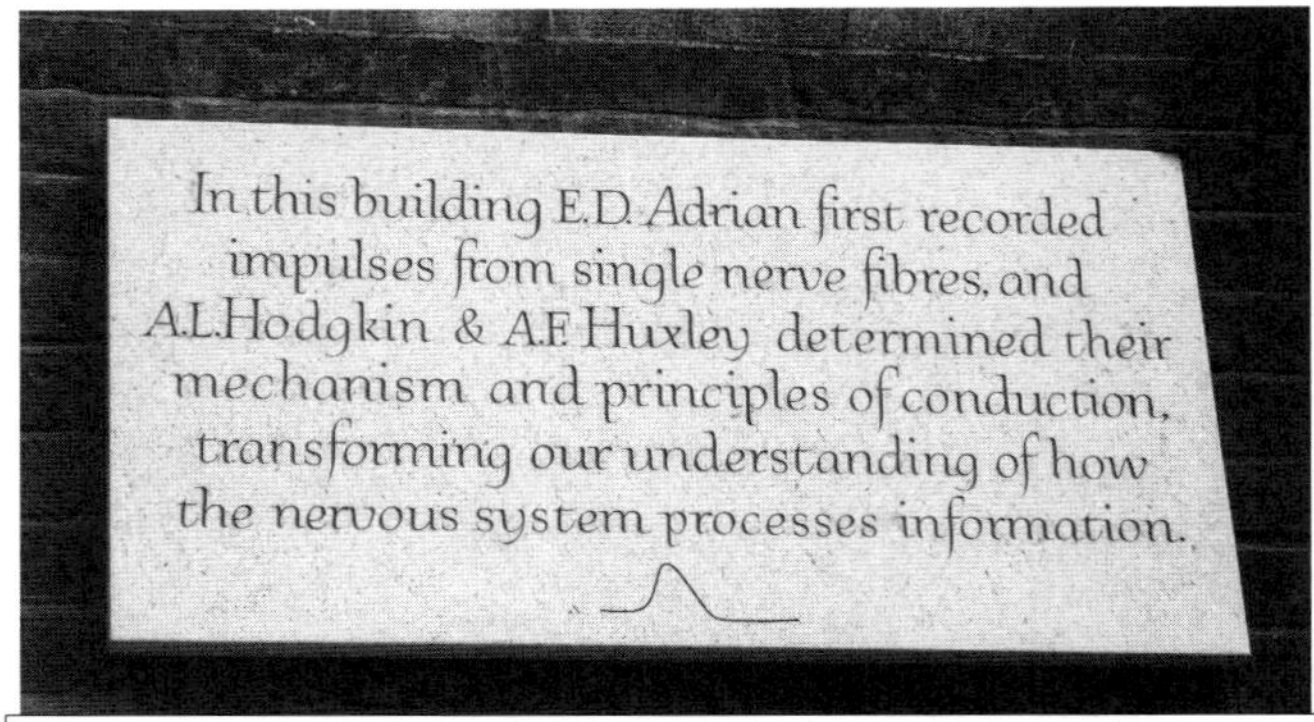

図19　ホジキン - ハクスレイ方程式の提案から60周年を記念して
2012年にケンブリッジ大学に設置された記念碑。

図20　フィッツフュー－南雲方程式

$$\frac{dV}{dt} = V - \frac{V^3}{3} - W + I,$$

$$\frac{dW}{dt} = \varepsilon\,(V + a - bW),$$

ここで、

V ： 膜電位,

I ： 膜電流,

W ： 回復変数.

モデルもあり、またカオスニューロンモデルのようにカオスに着目してきわめて単純化した数理モデルもあります。

ニュートンは、ニュートン以前に長年にわたって天体観測をしていたブラーエ（１５４６～１６０１）やケプラー（１５７１～１６３０）が蓄積した精緻で膨大な観測データがあったからこそ、ニュートン力学の体系を完成させることができました。本項で紹介したホジキンとハクスレイも、彼らの数理モデルを完成させるために、膨大な神経生理実験データを計測しました。自然科学研究の歴史を振り返ると、大量で質のよいデータの蓄積があって初めて優れた数理モデルが生み出されるという例が、いろいろと見られます。そういう意味では、データ科学と数理モデル学とは表裏一体に進んでいく研究分野であると言えます。

意識の数理モデル？

数理モデルで脳の高次機能にどこまで迫れるかというのは、たいへん興味深い問題です。その典型例に、冒頭の複雑系の説明で用いた「意識」があります。

意識の数理モデルははたして作れるでしょうか？　複雑系数理モデル学にとっても、極めて難しい挑戦課題です。少し脱線してその難しさの理由を考えてみましょう。

まず、我々は自分自身が意識を持っていることはわかります。しかしそれを自分の脳で考えようとすると、一種の自己言及系になってパラドックスや無限後退に関わらざるを得ないような気持ち悪さを感じます。

そこで実験科学としての自然な流れとして、考察の対象は、他者や実験動物の意識に移ります。しかしながら、他者や実験動物の意識自体は直接感じることは出来ませんし制御も十分には出来ません。また、意識の片鱗を脳活動計測の実験などでたとえつかめたとしても、最初に述べた複雑系特有の階層的フィードバックにより、その意識のありようが各神経細胞にフィードバックされてそれらのふるまいが変わります。さらに、脳には可塑性があるので、その実験によって脳の特性が少しですが変わります。このように量子力学とは違う意味での観測問題が、脳の意識の実験には原理的に存在し、厳密な意味での観測は不可能です。

もしも意識の定義がきちんと成されれば、その数理モデル化へと自然に進んでいけますが、その定義自体がそもそも難しい。意識とは何かという問いの答えがまったく自明ではないのです。これは生体システムの中でも特に脳に固有の問題です。対象がたとえば心臓であれば、その機能、つまり血液を循環させるポンプ機能を定義することはそれほど難しくないため、数理モデル化も困難ではないことを考えると、意識の数理モデル化の難しさが想像出来ると思います。

こう考えて来ると意識の数理モデル化は不可能かなとも思いますが、少なくともいくつかのヒントはあります。特に下記の4つの方向から、考えることが重要だと思っています。つまり、出発点として、まず我々は意識を持っていてそれを対象とすることを認め、それに対しておそらくそのような意味での意識が無いのではないかと思われる4つの遠点を設定して、その間のいわば分岐現象として意識の創発をとらえるのです。

1つ目の遠点は、単細胞生物です。単細胞生物は、少なくとも我々のような意識は持っていないと思われます。そうすると単細胞細胞から人間に至る多細胞化のどこで意識が創発したのか？を問うことになります。その場合、分岐パラメータは神経細胞数や神経回路網のネットワーク構造などでしょう。進化の研究の対象にもなるように思います。

2つ目の遠点は、受精卵です。この場合、受精卵からの発生過程のどこで意識が創発するのかという問題になります。胎児の脳が持続的に活動し不快な刺激にも反応し始めるのは、受精後23週（約6カ月）頃と言われています。このあたりが、分岐点になるのでしょうか？

3つ目の遠点は、脳死状態です。この場合、脳のどの部位がどのように活動することが意識創発に必要なのかを問うことになります。いわゆる植物状態における意識の存在の有無に関する議論も気になる所です。

4つ目の遠点が、ロボットや人工物です。意識を持つロボットを作ることは工学者の夢ですが、まだ出来ていません。はたして人工脳は意識を持てるのか？　もし持てないとしたら、それはなぜか？　ぜひ知りたい問題です。

複雑系の研究手法に、「構成による解析手法」があります。工学的にしろ数学的にしろ作ってみて、それを解析することによって複雑系を理解するという方法論です。その前提は、存在証明です。この工学的典型例に、飛行機開発があります。人類は、鳥や虫が空を飛ぶのをみて、飛ぶことが可能であると知ったはずです。この場合、飛ぶ生物がいることと自体が飛べることとの存在証明になります。そして、その人工的実現に向けて工学的に作られたのが、飛行機です。同様に、我々は自分自身が意識を持っていることは知っています。これが、意識の存在証明になります。したがって、意識の「構成による解析」が可能なはずです。

特に意識の問題に関しては、上記の4つの視点を考慮しながら、意識の数理モデルを構成して解析することが重要だと思われます。いい数理モデルは、作った人の想定を越えることがあります。その好例が、マクスウェル方程式です。マクスウェルは、電磁気の場の性質を記述するためにマクスウェル方程式を作りましたが、その解として光速で伝わる電磁波が記述されているのを発見したのは、その後の彼自身の考察の成果です。同様に上述の4つの方向から意識に迫る数理モデルの構築とその理論解析によって、想定外の意識の創発機構の数理が発見されることを夢見ています。

脳、経済、地震の共通点

　ところで、脳の神経細胞のデータと経済の為替相場のデータには、値がスパイク（パルス）状に現れる「点過程」であるという意外な共通点があります。

　神経細胞は活動電位と呼ばれる電気パルスを発生しますが、この電気パルスを発生する場合としない場合を分ける「しきい値」があります。通常は神経細胞の内側の電位が外側のそれに比べて約60mV程度の負の値に安定に保たれており（静止状態）、これが神経細胞の安定した平衡状態となっています。その平衡状態に刺激（入力）が加えられると、電位が静止電位から上がったり、下がったりします。そして静止電位から15mV程度上がった「しきい値」を超えると、瞬時に電気パルスを発生して、その後再び静止状態に戻るのです。神経細胞はこの電気パルスを次々と点過程として生成しているわけです。

　一方、経済のデータ、例えば為替相場のデータは、取引時間が経過するなかで売り手と買い手の折り合いがついた時点で突然、値と取引量が決まり、これらがスパ

図21　経済特有の点過程時系列データの模式図

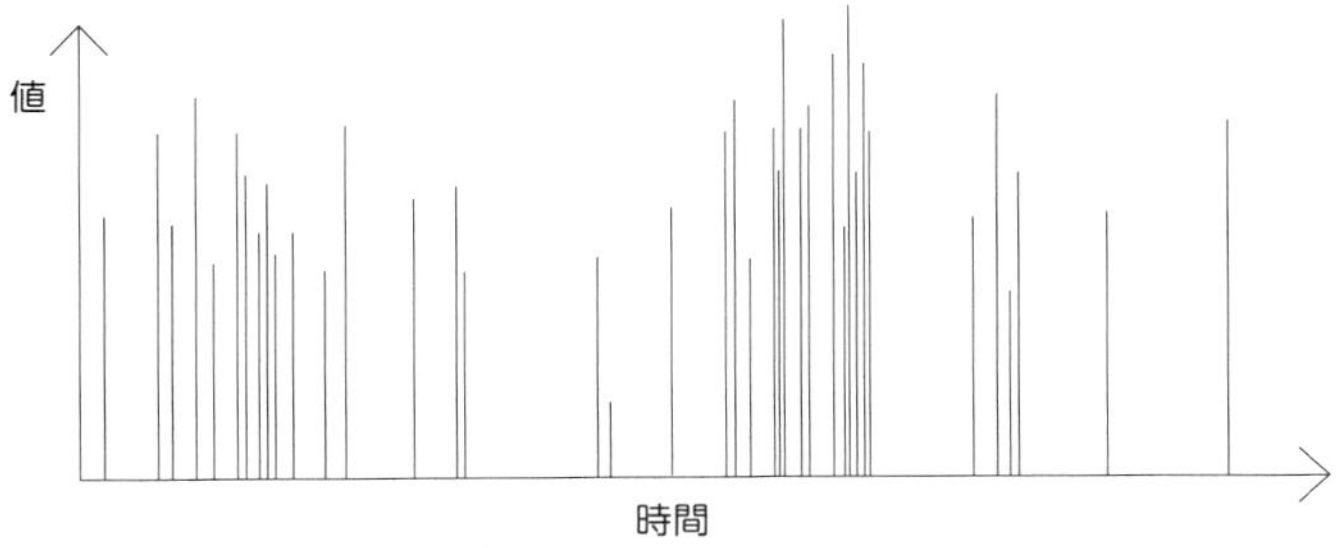

イク状に次々と発生するという時系列データです（図21）。

この共通性から、私たちが長年取組んできた脳の神経細胞のデータ解析の手法が、為替データの解析にも応用できることが最近わかってきました。そして為替データの時間変化の中に決定論的カオス性が存在することも平田祥人東京大学特任准教授と私たちの研究で明らかになりました。

この研究のベースとなったのは、鈴木秀幸さん（現在、東京大学大学院情報理工学系研究科准教授）たちと行なったコオロギの神経応答を捉えた実験です。この実験にはコオロギがほんのわずかな風を感度よく検出するのに使われている神経細胞を用いているのですが、この神経細胞に変動する風を入力として与えると、神経細胞は活動電位のパルス列を出して応答します。これは活動電位から成る点過程の時系列データです。そこで、風の変動というゆるやかに変化する刺激（入力）を受けて神経細胞のパルス列の応答が観測された時に、そのデータを解析してどのような連続的な信号（風の変動に対応）が神経細胞に入力されたかを逆に推定して再現できるようなデータ解析手法を作りました。

そしてこの小さなコオロギの神経細胞に関する研究から得られた手法を応用し、為替相場の大規模なデータを解析しました。その結果、時間的に不連続に発生する為替相場の点過程時系列データも、まったくの混沌状態にあるのではなく、ある程度の短期的な予測を行ったり制御することも原理的には不可能でない決定論的カオス性を有する時間帯があることがわかったのです。

さらに、この点過程データ解析手法は、地震データにも応用することができます。地震のデータは、震源地の位置と地震の大きさの情報を伴う発生時刻を表す点過程となるからです。そして、第３章で近江崇宏さんが紹介するように、私たちの研究によって、これまでの限界を越える高精度の余震予測が可能となりつつあります。

このように、脳、経済、地震という一見無関係に見える3つの分野が点過程のビッグデータという形で結びつくため、共通の数理的手法が活用できるのです。

インフルエンザの数理モデル

次に社会的重要性の高い複雑系研究課題の例として、病気に関する数理モデルを見てみましょう。まず、毎年冬になると必ず問題になるインフルエンザ流行の伝播ダイナミクスの問題を取り上げます。

インフルエンザに感染する患者数がどのように増減するのかといった現象を解析する数理的手法は、もともとは人口の増減にかんする数理モデルから始まっています。なかでも「マルサスの人口モデル」が有名です（図22）。これはごく簡単に言うと、人口が指数関数的に急激に増大するモデルです。他方で人間の生存に必要な食料はせいぜい線形にしか増大しないので、人口が指数関数で爆発的に増大していくとある段階で破綻することが示唆されます。

実際、人口がどこまでも指数関数的に増大を続けるということはなく、それを抑制する効果（例えば飢餓、戦争、病気や出生率の減少等）が生じて、一定の値に落ち着くことが予想されます。これを数理モデル化したのが、マルサスの人口モデルを修正したロジスティック微分方程式というものです（図22）。ちなみに、先述のロジスティック写像は、このロジスティック微分方程式の連続時間を離散時間に変換して得られたものです。このような数理モデルは、人口論の分野を出発点として様々な生物の個体数の変動などへ応用されて、ポピュレーション・ダイナミクスという一つの研究分野へと成長しています。そしてこの人口論の数理モデルが、感染症の数理モデルにも応用できるのです。

第2章で占部千由さんが紹介するように、インフルエンザは、健康な人が感染者との接触で感染して、そのあらたな感染者がまた健康な人と接するとその人も感染するということを、社会における人間のつながりのネットワークの中でくり返します。２００９年には新型インフルエンザ（パンデミック2009H1N1）の世界的な流行があり、日本国内のインフルエンザワクチンの不足が大きな問題となりました。

あの当時、西浦博さん（現在、東京大学医学系研究科准教授）と私は「季節型と新型のインフルエンザが同時に発生する場合、両方のインフルエンザによる死亡者

図22　人口論の数理モデル

マルサスの人口モデル：

$$\frac{dx}{dt} = ax \rightarrow x(t) = x(0)e^{at}.$$

ロジスティック微分方程式：

$$\frac{dx}{dt} = (a - kx)x \rightarrow x(t) = \frac{ca}{ck + e^{-at}}$$

ここで、

$$c = \frac{x(0)}{a - kx(0)}.$$

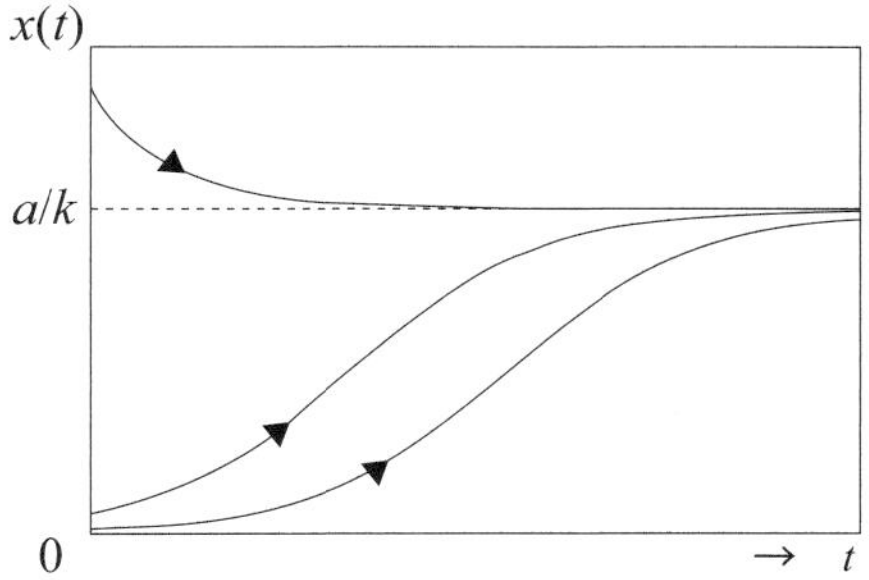

総数を最小化するために、限られた不十分な数量のワクチンをどのような割合で、季節型インフルエンザと新型インフルエンザに割り振るのが最適であるか？」という問題を設定し、この最適配分を求める数理モデルを作成しました。このような場合には人口論と同様のポピュレーション・ダイナミクスの数理モデルを使うことができます。このモデルを用いると、例えば国内に7000万人分のワクチン製造能力があるとして、約70％のワクチンを新型インフルエンザに、約30％を季節型インフルエンザに割り振るのが最適だという解が得られました。

さらにこのような感染症伝播のダイナミクスの数理モデルを拡張して、実際の人々の動きまで考慮した数理モデルも作りました。人々（パーソン）のある1日の動き（トリップ）を調べるために国土交通省が行った調査で得られた「パーソントリップデータ」と呼ばれるビッグデータを使うと、インフルエンザが社会でどのように伝播していくかについての定量的解析ができます。この数理モデルを応用すると、たとえばヒト‐ヒト間の飛沫感染や空気感染が起きているという証拠が無いような新型のインフルエンザやエボラ出血熱のような危険な感染症に関して、仮定の話として飛沫感染や空気感染が起きるようになった場合についての感染者数の変動や伝播の過程をあらかじめシミュレーションして適切な対策を考えておくことができます。また、時々刻々の人々の移動の実データもある程度観測できるようになってきていますから、このようなビッグデータを活用すればより現実的なリアルタイムのシミュレーションも可能となります。

数学に基づくがん治療

次に、前立腺がんの治療への数理モデルの応用例を紹介しましょう。

前立腺がんは、アメリカでは男性のがんの中では、肺がんに次いで死亡者が多い疾患です。一方日本では、比較的患者数が少ないがんの1つでしたが、近年その数が急増しています。前立腺がんには、前立腺特異抗原（Prostate-Specific Antigen：PSA）という非常に敏感なバイオマーカー（病気の存在や進行度を、その濃度によって定量的に推定することができる物質）があり、血液検査で簡単に計測することができます。

前立腺がんは、男性ホルモンの影響を強く受けます。そもそも前立腺そのものが男性ホルモンで活性化されていますが、初期のがん細胞もこの性質を受け継いでいて、男性ホルモンがあるとがん細胞が増殖し逆に男性ホルモンを除去すると減っていきます。後者はアポトーシスといって、いわば細胞の自死という性質によるものです。

そこで、がん増殖にかかわっている精巣や副腎からの男性ホルモンの分泌を投薬によって抑えるホルモン（内分泌）療法が可能となります。特に日本では、およそ四割の医療機関が非転移の前立腺がんに対してもこのホルモン療法を主要な治療法として採用していると言われ（２００５年読売新聞調査による）、長期間にわたってホルモン療法のための薬を投与する継続的ホルモン療法が広く行なわれています。

ホルモン療法はたいへん有効な治療法で、多くの患者さんにおいて、治療開始後短期間でＰＳＡが急激に正常レベルまで減少します。ところががん細胞集団には頑強性があるので、ホルモン療法を継続しても、多くの場合一部のがん細胞が生き残ってしまいます。その結果、ホルモン療法を長期間継続していると、男性ホルモンがない環境下に生き残ったがん細胞が長期間おかれる、という状況になります。するとがん細胞がその環境に適応して、突然変異によって男性ホルモンがない状態でも増殖することができるがん細胞（男性ホルモン非依存性がん細胞）がしばしば現れます。この厄介ながん細胞はホルモン療法を続けて男性ホルモンを除去していても増えるので、その結果PSA値が再び増加します。これが、再燃（再発）です。

そこで、この継続的ホルモン療法下での再燃を回避する方法として考案されたのが、私たちの共同研究者であるカナダのブリティッシュ・コロンビア大学のブルコフスキー先生、赤倉功一郎先生（現在JCHO《ジェイコー》東京新宿メディカルセンター）たちによる、投薬を休む期間を挟みながら間欠的にホルモン治療を続けるという「間欠的ホルモン療法」です。

この治療法では、PSA値がある下限しきい値よりも下がったら、一旦ホルモン療法を休止（オフ）します。すると、男性ホルモンは元のレベルへと戻っていくので、通常のがん細胞は増殖し、それに伴いPSA値も上がっていきます。そこで、ある上限しきい値を超えたところで、再びホルモン療法を行います（オン）。するとこの場合、増加したがん細胞の多くは通常の男性ホルモン依存性がん細胞なので、2回目のホルモン療法も有効で、PSA値は再び下がります。そしてこの後もPSA

値が上がればホルモン療法を再開（オン）し、またPSA値が下がったらホルモン療法を休止（オフ）する、というプロトコルでホルモン療法を間欠的に繰り返すという治療法です（図23）。

この間欠的ホルモン療法についての数理モデルも、上述したポピュレーション・ダイナミクスを用います。ただし、人口ではなく細胞数を変数とします。最初の男性ホルモン依存性がん細胞数をx_1とし、突然変異を起こした、男性ホルモン非依存性がん細胞数をx_2とし、両者の増殖率やアポトーシス率をパラメータとして、がん細胞の総数がどのように増減するかを表す微分方程式の数理モデルを作りました（図24）。

仮に投薬しなければ、x_1が増大して病態が悪化します。一方、ホルモン治療を継続的に行うと、x_1は減っていきますが最終的にx_2が増えて、やはり病態が悪化します。私たちが作った数理モデルの研究によって、治療を再開するタイミングと休止するタイミングを決める2つのPSAのしきい値をうまく設定して、適切なタイミングで治療のオンとオフを切り替えることによって、全体としてx_1もx_2もともに少ない量に抑えこむことが可能であることがわかりました。この間欠的ホルモン療法

図23　間欠的ホルモン療法下でのPSA値変化の模式図

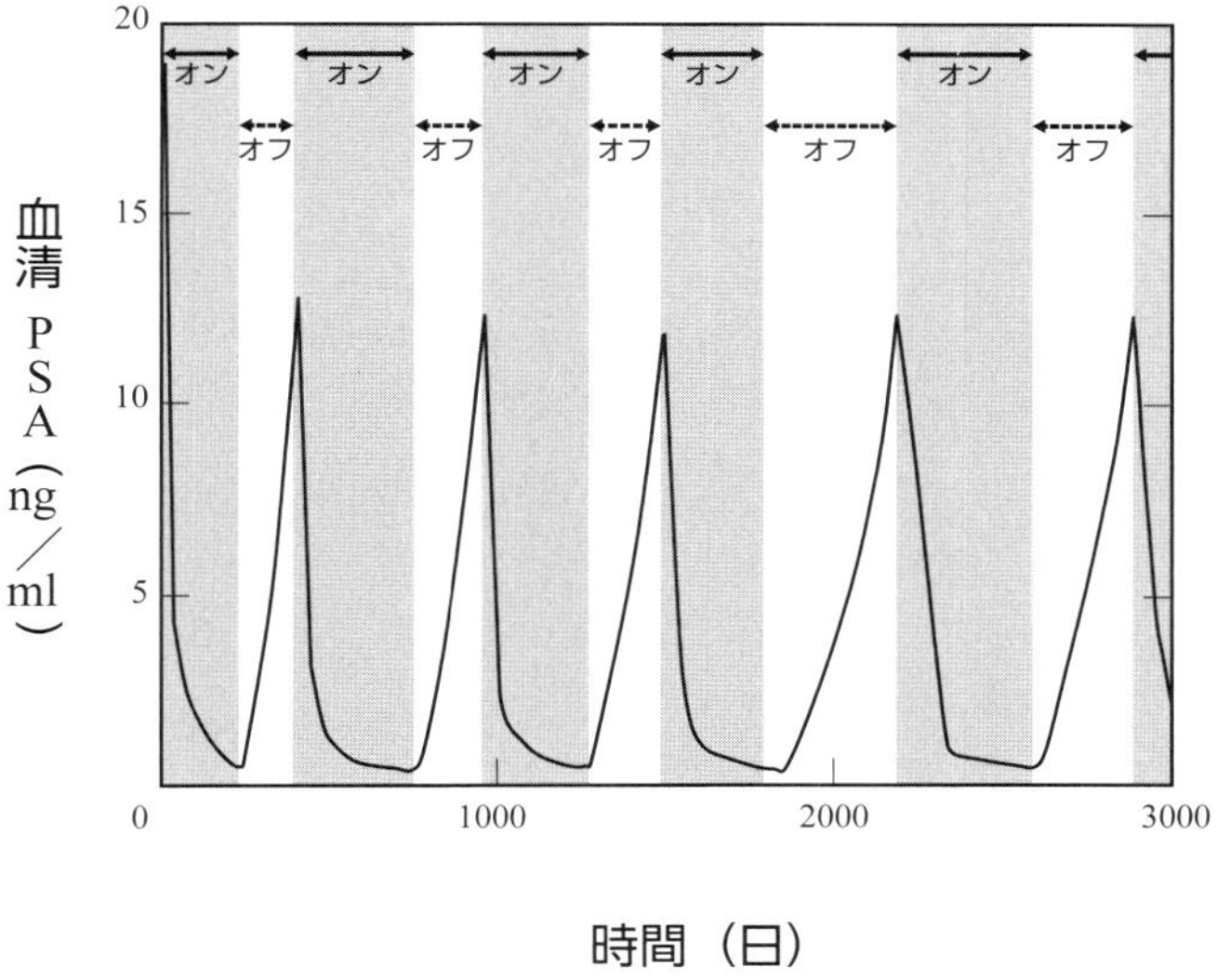

図 24　ホルモン療法の数理モデル

男性ホルモンレベルのダイナミクス
（ホルモン治療中は u=1, 休止中は u=0 とする）：

$$\frac{da(t)}{dt} = -\gamma\,(a(t) - a_0) - \gamma a_0\, u(t).$$

ガン細胞集団のポピュレーション・ダイナミクス：

$$\frac{dx_1(t)}{dt} = \{p_1\,(a(t)) - q_1\,(a(t)) - m\,(a(t))\}x_1(t),$$

増殖項　アポトーシス項　突然変異項

$$\frac{dx_2(t)}{dt} = m\,(a(t))\,x_1\,(t) + \{p_2\,(a(t)) - q_2\,(a(t))\}x_2\,(t).$$

突然変異項　増殖項　アポトーシス項

PSA レベル：$y(t) = c_1 x_1(t) + c_2 x_2(t).$

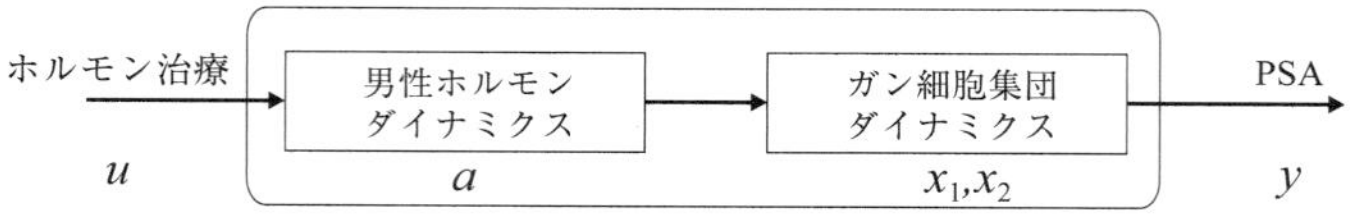

をうまく使えば、前立腺がんの患者さんが天寿を全うするまで、男性ホルモン依存性がん細胞と非依存性がん細胞の両者の極端な増大を抑えて、安全なPSA値の範囲内を行き来する状態に保つことが可能になると考えられます。

そこで私たちは現在この数理モデルを発展させ、患者さん1人ひとりのPSA値の時間変化の臨床データからその患者さん固有の前立腺がんのダイナミクスを推定することによって、患者さん1人ひとりに合わせた治療計画を最適に設定する、というテーラーメイド治療に貢献する数理モデルを作る研究を進めています。

この手法は、前立腺がん以外の病気をも対象にすることができます。すなわち、ある有効な治療法とバイオマーカーのような病態を定量的に測る手法があり、かつ、その治療法を長期間継続すると耐性が生じてその治療法が効かなくなる問題があるような病気とその治療には、同様の数理モデリングに基づく間欠的療法が少なくとも理論的には適用できます。このような数学に基づく治療法が普及することによって、患者さんのバイオマーカーなどを測定しつつ、テーラーメイドの数理モデルを作って、治療に対して耐性を持たないように治療計画を最適化するという理想的な医療ができるようになると期待されます。

動的ネットワークバイオマーカーによる未病の検出

もう一つ、医学のための数理モデル研究の最近の大きな成果として、「動的ネットワークバイオマーカー」という全く新しいバイオマーカーの発見があります。

実は、上で述べた前立腺がんに関するPSAのようにきわめて敏感な単一のバイオマーカーを、他の様々な疾患に関しても発見するのは容易ではありません。また、PSAのような従来のバイオマーカーは、健康な状態と疾病の状態を識別しようというものです（図25a）が、バイオマーカーの値がこの2つの状態のあいだ、いわばグレーゾーンの状態にある場合には、そのまま様子を見ていてよいのか、速やかに治療しなくてはいけないのかという判断材料としては有効ではありません。そのためバイオマーカーの値がグレーゾーンにある場合は、多少の不安があってもしばらく経過観察するか、もしくは他の様々な検査が不可欠となります。さらに、これまで病態悪化の「予兆」が検出できるようなバイオマーカーは発見されていませんでした。バイオマーカーの機能としては、「がんになった」ことを判定するのでは遅いわけで、「今このタイミングで治療しなければがんになります」と予測できる方法があればより望ましく、かつ超早期治療が実現できます。

私たちは研究を重ねた結果、この「病態悪化の予兆を検出できるバイオマーカー」を見つけることに成功しました。それは、従来の意味での個々のバイオマーカーの性能としては全然高くないのですが、それらがネットワークとして機能することにより、様々な難病において病態悪化の予兆を検出する極めて高性能なバイオマーカーで、超早期診断・治療を可能にするものです（図25）。

具体的には次のような概念です。一般に健康な状態というのは、ポテンシャルエネルギーを使って模式的に表すと、図25bの左図のように、ある種の安定状態にあります。仕事で無理をしたり睡眠不足などいろいろな要因である程度体調をくずすことがあっても、通常は休息すればすぐにもとの健康状態に戻ります。この健康状態から病気の状態へと変化していく、つまり疾病が進行すると、健康状態にあったポテンシャルエネルギーの底がだんだん浅くなり（図25bの中図）、たとえば特定の遺伝子群において発現ゆらぎの大きさとゆらぎ間の相互相関が増加します。ヒトの場合、細胞内で2万以上の遺伝子が複雑なネットワークを構築していますが、そ

図 25　動的ネットワークバイオマーカーの概念

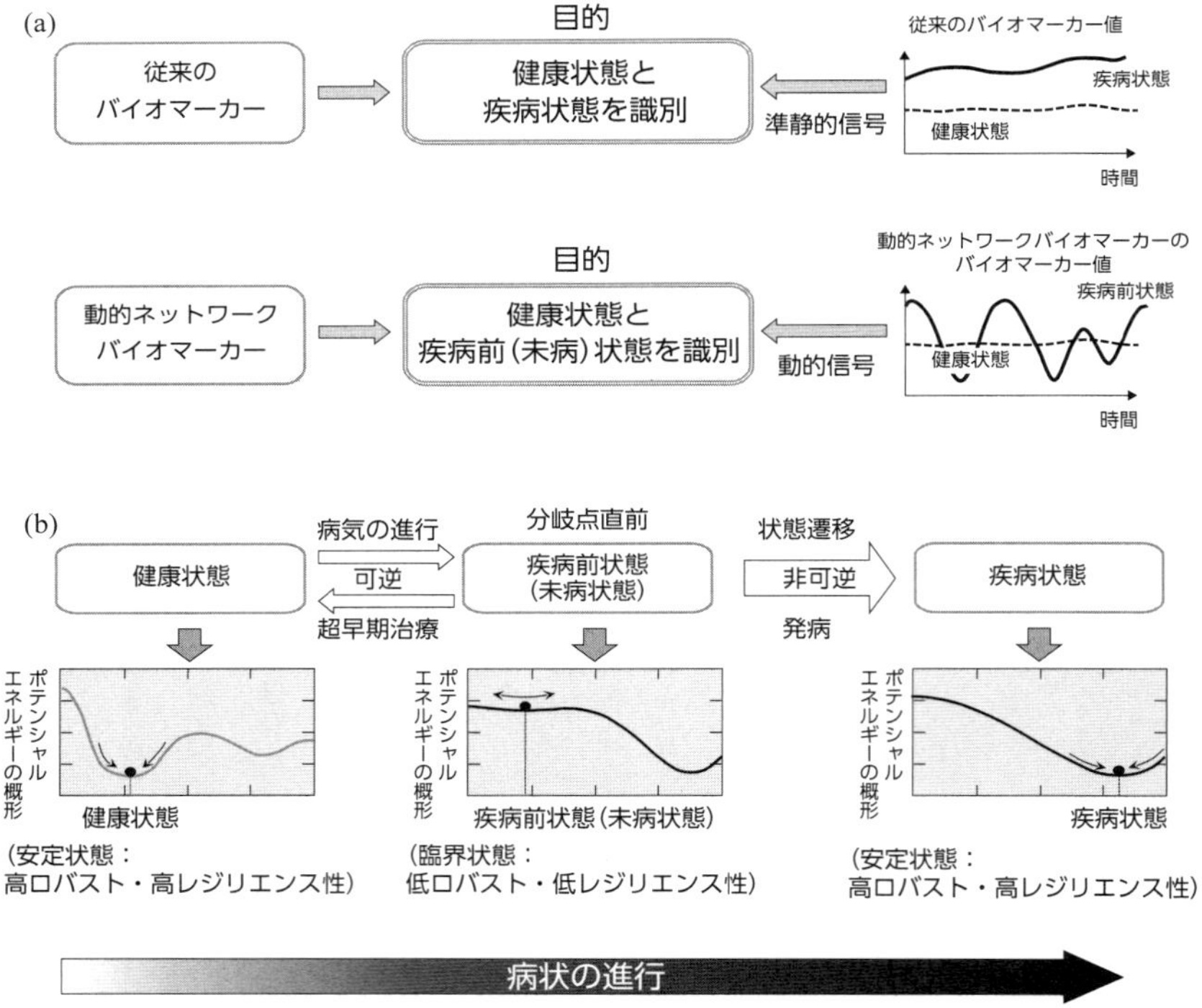

の全体のネットワークの中にある部分ネットワークの遺伝子群の発現量が強い相関を持って大きくゆらぎます。この部分ネットワークを「動的ネットワークバイオマーカー（DNB: Dynamical Network Biomarkers）」と呼びます（図25ａ）。この動的ネットワークバイオマーカーのゆらぎ特性を検出することにより、健康な状態から疾病の状態に遷移する、その予兆がわかるのです。この遷移の予兆が検出される疾病前状態（図25ｂの中図）では、まだ疾病の状態には至っていないため、このタイミングで治療を行えば、もとの健康状態に戻すのはより容易だと考えられます。いわば「未病」状態での超早期治療です。しかし、仮にこのタイミングで何ら治療が行われない場合は、病態が進行（あるいは悪化）して疾病状態（図25ｂの右図）に至ります（分岐現象）。こうなると、元の健康状態に戻すのは簡単ではありません。

動的ネットワークバイオマーカーの性質で特徴的なのは、状態が遷移する分岐点直前の疾病前状態で著しいゆらぎ特性が発生しますが、遷移した後では健康状態と同じく大きなゆらぎは発生しないということです。普通のバイオマーカーとは全く異なり、状態が変わるところ（分岐点の近く）でだけ活性化しているので、健康な状態から疾病の状態に遷移する臨界状態を識別できることになるのです。

実は、非線形科学の世界ではこのような例がたくさんあり、安定状態が不安定化して他の安定状態へ遷移する分岐を生じる際にゆらぎが増えるということは、普遍的性質として以前からよく知られていました。最近、遺伝子発現情報のように大量の生体ビッグデータが計測できる時代になってきました。このようなビッグデータと複雑ネットワーク理論を基に従来のバイオマーカーの概念を拡張したのが、この動的ネットワークバイオマーカー（ＤＮＢ）なのです。遺伝子のＤＮＡが生命科学に大きな進歩をもたらしたように、ＤＮＢが医療に大きな進展をもたらしてくれるものと期待しています。

数理工学の分野横断性

「動的ネットワークバイオマーカー」の理論は疾病の予兆を検出するために作ったものですが、この概念自体は一般性が極めて高い理論なので、様々な複雑なネットワークが不安定化する際の予兆の検出にも広く応用できます。ある重要課題を解決するための課題解決型研究において新しく創った数理的手法が、このように他分野の様々な問題に応用展開できるのが数理工学や複雑系数理モデル学の強みであり、研究の面白さを特に感じるところでもあります。

例えば、東日本大震災以降特に重要課題となっているものに再生エネルギー問題があります。電力システムにおける風力や太陽光などの再生可能自然エネルギーの大量導入の必要性が広く認識されてきていますが、再生可能エネルギーはその発電量が天気の変化に大きく左右されるため、あまり大量に導入すると電力システム全体が不安定な状態になりかねません。そのような時にこの動的ネットワークバイオマーカーの理論を使えば、そのままでは大きな停電になりかねない状況とその引き金を引く部分電力ネットワークが予兆の段階で検出できます。同様に、経済システムについて、リーマンショックのような大きな不安定化事象の予兆の検出や、その不安定化のメカニズムの研究にも応用が可能ではないかと考えています。また、交通渋滞の予兆をこの手法で検出して素早く対策を取ることによって、渋滞を未然に防ぐことも可能であると思われます。

数学の理論は、普遍性・一般性が高いので分野横断性があり、そのためこの動的ネットワークバイオマーカー理論の例のように、ある問題解決のために作った数理的手法が、他の問題にも広く使えることがしばしばあります。複雑系数理モデル学においては、個別の緊急性・重要性が高い複雑系問題がニーズとなって、それを解決するために数理モデルを作りその数学的解決法を考案しますが、他分野でも同じような数学的性質を持つ同型な課題があれば、その数学的解決法が今度はシーズとなってそれらの課題に応用できるのです（図26）。

ただし、その時によく似た問題でも全く同じ数理モデルがそのまま使えるというわけではなく、対象が変われば、それに合わせて常に数理モデル自体も個別に工夫して変えていく必要があります。しかしながら他方で、基本的な数理構造や解析手法などはそのまま使えるという横断性があるのです。こうした普遍性・分野横断性は、おそらく数学の応用研究にしか存在しないでしょう。

このように様々な分野の課題に水平展開ができるのが、数理工学や複雑系数理モデル学の手法の強みです。したがって、社会への還元性が高いことも大きな特徴と言えるでしょう。本章や他の章で解説する様々な例からわかるように、いずれも私たちの暮らしに大きくかかわる問題です。

私たちはこれからも、社会的緊急性・重要性の高い様々な複雑系問題に、数理工

図 26　複雑系数理モデル学の研究プロセスの基本構造

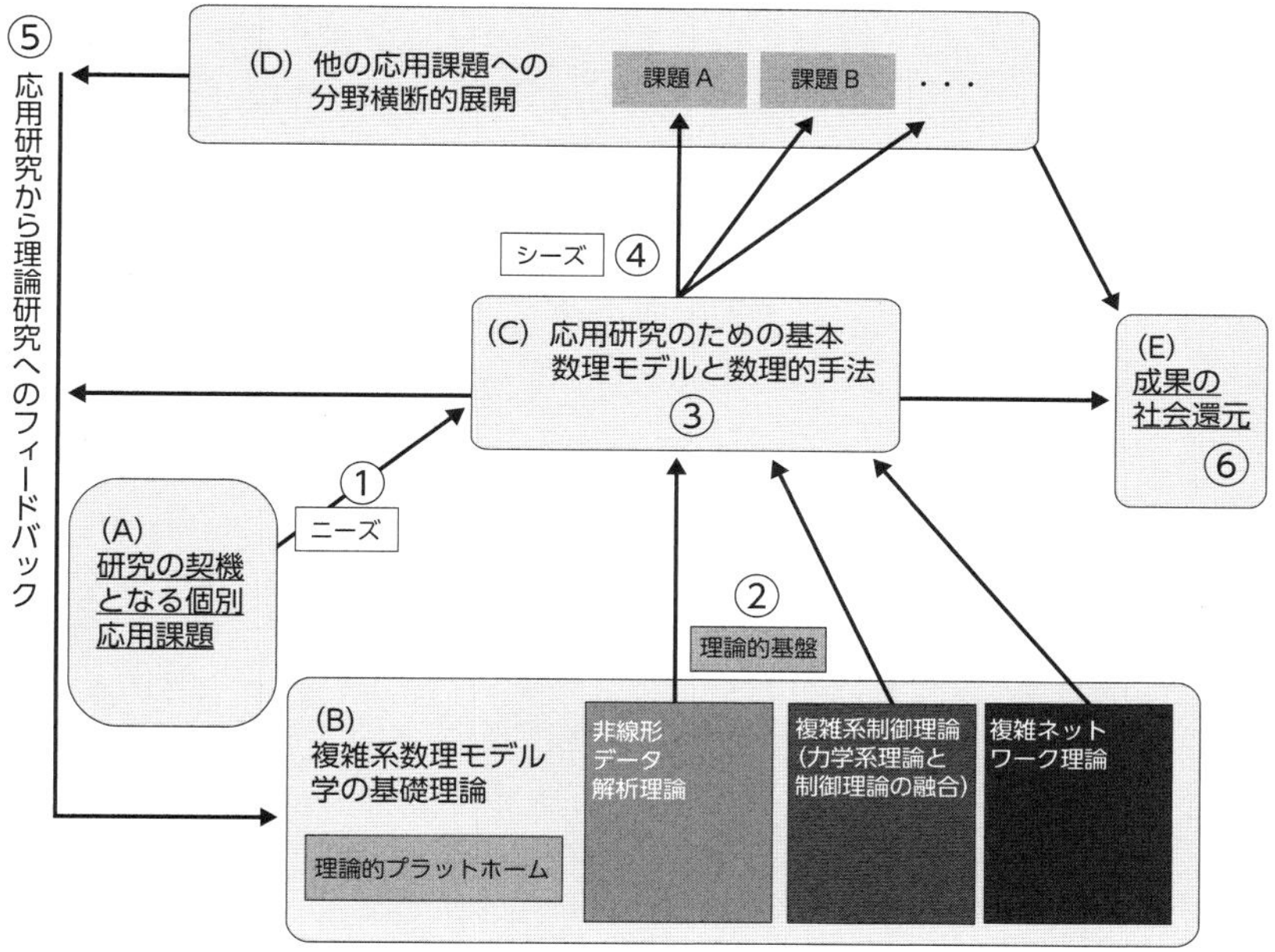

学と複雑系数理モデル学研究を通して挑んでいきます。

第2章

パンデミックを数理モデリングする

占部千由（東京大学生産技術研究所）

はじめに

インフルエンザをはじめ、多くの感染症は主に人や鳥獣の集団で伝播し、一旦広がってしまうと多くの命が奪われ、自然環境に取り返しのつかないダメージを与えてしまう可能性があります。

ますますグローバル化が進む現在、国際航空網によって長距離を短時間で、かつ頻繁に移動できるようになりました。感染力の強い感染症は発生国内で道路網・鉄道網等を介して拡大し、それと同時並行的に航空網を経由して世界中に拡散します。このような感染症の世界的流行（パンデミック）を抑えるため、各国政府は感染症発生国への渡航自粛の呼びかけ等の対応を行っています。日本では空港検疫でサーモグラフィーによる発熱反応のチェックや、有症者の診察・健康相談等により、入国前に確認を行っています。パンデミックを防ぐためには各国が早急に対策を打ち出し実行することが重要ですが、実際には感染症の侵入を完全に阻止することは困難であり、対策を立てるためには高度で複雑な判断が求められます。

感染症の国内への侵入の阻止が難しい主な理由は、感染者の検出にあります。空港検疫のサーモグラフィーや有症者の診察は、発熱その他症状がある場合にのみ有効です。一般的に感染後に症状が出るまでに時間があり、この期間を「潜伏期」と呼びます。この潜伏期にある感染者は、感染者自身も気づかずに空港検疫をすり抜けてしまいます。また、特に新しい感染症については、すぐさま感染症の種類や感染経路が特定されることは希です。そのような場合には、感染者に症状が現れ他の人に感染が広がってから、現場の医師が気づき報告されるということが多いのではないでしょうか。行政機関や医療機関が最善を尽くしたとしても、こういった対応の遅れを避けることは現実的にはほぼ不可能です。

では、このような状況に対してどう立ち向かえばよいのでしょうか。まず考えられることは、事前に様々な状況を想定しておくことです。そうすれば、国内で同時に複数の新規感染例が報告された場合でも、想定を基に時間を置かずに対策を実行することができます。ただし、実際に対策を実行するとなると、それに伴って多くの方の日常生活に影響を及ぼすこととなるので、できるだけ少ない負担でより有効な対策を選択することがとても重要です。

また、有効な対策を選択するための事前準備として、感染症がどのように広がるかよく知ることが大切です。どんな場合に感染拡大しやすいのか、どこから感染症が広がりやすいのかなど、多くの情報が得られれば、危険な地域やその状況に合わせて対策を立てることができます。現象をよりよく知るために、科学の分野では通常、様々な条件で実験を行うのですが、感染症流行についてはそういった実験を行うことはできません。そのため、感染症の発生状況をつぶさに観察し洞察力を働かせて事態を把握し、罹患者に関して報告されたデータを解析することで、考えられる限りの最善の対策を打ち出し対応していく他ありませんでした。

しかし、近年、行うことができない感染症伝播の実験に代えて、数理モデルを用いた計算機の中での〝実験＝シミュレーション〟を、行えるようになってきました。計算機性能の目覚ましい向上により、より多くのデータを同時に取り扱えるようになり、計算時間も大幅に短縮されたため、大規模な計算も行えるようになってきたのです。また情報化社会の進歩により、シミュレーションに取り入れることができるデータも非常に多く集めることができるようになりました。これらの条件が揃いつつあるため、感染症サーベイランス（調査監視）のデータを基に、実際の状況に即した具体的な設定で、より広範囲な感染症伝播のシミュレーションが可能となってきています。

日本の法律の中の感染症対策

国内への感染症の侵入を防ぐための空港検疫の対象となる感染症は検疫感染症と呼ばれるもので、検疫法によって定められています。具体的には、エボラ出血熱、クリミア・コンゴ出血熱、痘《とう》そう、南米出血熱、ペスト、マールブルグ病、ラッサ熱、新型インフルエンザ等感染症、そして、国内に常在しない感染症のうちその病原体が国内に侵入することを防止するためその病原体の有無に関する検査が必要なものとして政令で定めるものとなります。

また、この検疫法に定められた感染症でも挙げられており、近年特にニュースで取り上げられることの多い新型インフルエンザ等感染症ですが、法律（感染症の予防及び感染症の患者に対する医療に関する法律）の中では次のように定められています。

1. 新型インフルエンザ（新たに人から人に伝染する能力を有することとなったウイルスを病原体とするインフルエンザであって、一般に国民が当該感染症に対する免疫を獲得していないことから、当該感染症の全国的かつ急速なまん延により国民の生命及び健康に重大な影響を与えるおそれがあると認められるものをいう）。

2. 再興型インフルエンザ（かつて世界的規模で流行したインフルエンザであってその後流行することなく長期間が経過しているものとして厚生労働大臣が定めるものが再興したものであって、一般に現在の国民の大部分が当該感染症に対する免疫を獲得していないことから、当該感染症の全国的かつ急速なまん延により国民の生命及び健康に重大な影響を与えるおそれがあると認められるものをいう）。

1、2は新しいものか旧来からあるものかということで場合分けがなされていますが、どちらも免疫を持たない人（病原体に対して感受性を持つことから「感受性者」

と呼ばれます）が多いために、一旦国内に侵入すれば甚大な被害を及ぼすことが危惧される感染症を意味しています。

こぼれ話～カエルの危機～

人類の歴史上、スペイン風邪やペストによって多くの人命が失われたことは知られていますが、一方で今まさに感染症によって絶滅の危機にある生物もいます。現在、世界の両生類種の約30％が減少しつつあることをご存知でしょうか。この減少への強い関与が疑われている感染症に、カエルツボカビ症があります。この感染症はツボカビへの感染によるもので、ツボカビ症の致死率は非常に高く、ツボカビを含む水や土壌が人間の活動によって運ばれることで、さらに感染を拡大させていますす。カエル等の両生類の数が激減することで、食物連鎖を通して他の生物にも大きな影響を及ぼしてしまいます。

インフルエンザはなぜ大流行するのか

現在、インフルエンザのような感染症の世界的流行を回避したり、医療機関が対応に追いつかないような大きな流行のピークを抑えるための有効な対策が強く求められています。

まずはじめに、なぜインフルエンザ等の感染症が世界的な大流行を引き起こすのかを考えてみましょう。私たちはその要因は「人の移動」とその影響をより大きくする潜伏期間にあると考えています。

潜伏期間は、感染症の種類によって大きく異なります。例えば、Ａ型インフルエンザ（Ｈ１Ｎ１《エイチワンエヌワン》型）の潜伏期間は１〜４日程度です。これに対し、エボラ出血熱は２〜21日、麻疹（はしか）は10〜12日、風疹は２〜３週間、ＨＩＶ感染症（エイズ）では数カ月から10年ほどと考えられています。

今の時代、国境を越えた長距離の移動も容易に行えるため、インフルエンザに感染した人は潜伏期間に空港検疫等をすり抜けてしまい、自分が感染していることを知らずに、広範囲で感染を広めてしまう恐れがあるのです。

ただし、潜伏期間があっても、すべての感染者が移動することがなければ、感染者が出会う人数は減り、感染症の伝播は抑制されるはずです。このように潜伏期間の長さと「人の移動」の度合いは、感染拡大において相乗作用をもたらすのです。

2009年のインフルエンザ大流行とその経過

様々な感染症の発生地域や患者数データは、世界保健機関（以下、WHO）をはじめとする多くの機関でウェブサイトを通じて公開されています。図1にWHOが公開しているインフルエンザA型およびB型の感染者数の推移を示しています。北半球と南半球で分けていますが、どちらとも1年に1回程度のピークがあります。これは日本でも冬になるとインフルエンザが流行るように、北半球・南半球のそれぞれ冬にあたる時期にインフルエンザが流行りやすいことが、2つのグラフのピーク時期のずれからもわかります。

近年では、2009年に起きた新型インフルエンザ（H1N1型）のパンデミッ

第2章　パンデミックを数理モデリングする

図1　インフルエンザA型およびB型の感染者数の推移

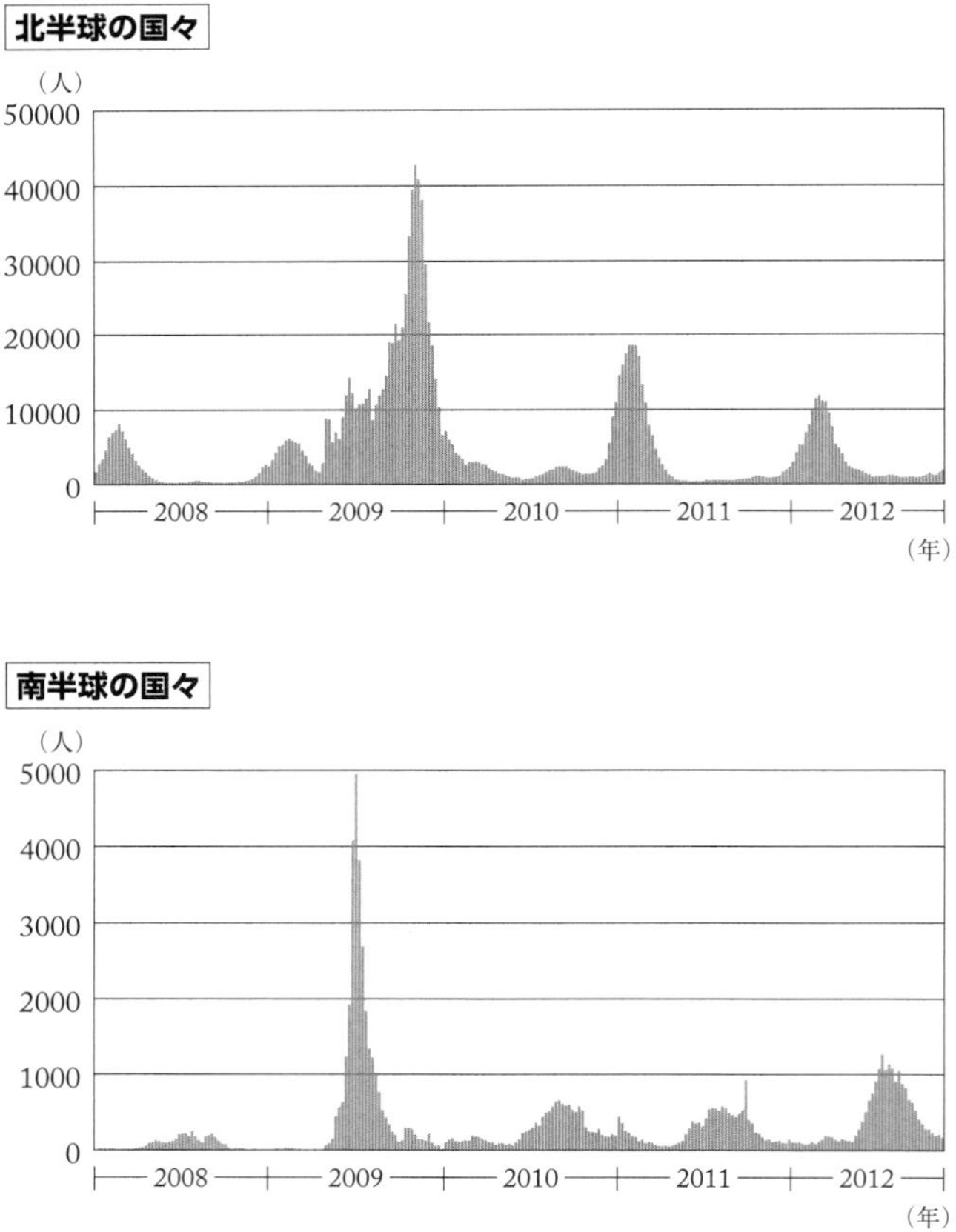

WHOによるインフルエンザA型およびB型の感染者数統計資料より、
6つの地域事務局（AFRO、EMRO、EURO、PAHO、SEARO、WPRO）
管轄の134カ国を北半球（114カ国）と南半球（20カ国）に分けて集計。

出典：WHO Search FluNet databaseより作成。

クが記憶に新しいところです。ここで、この新型インフルエンザの世界的な大流行がどのような経過を辿ったのか見てみましょう。

まず、4月12日メキシコ東部の町で発生した原因不明の呼吸器感染症の集団発生がWHOに報告されました。その後4月27日に、WHOが「フェーズ4（ヒトからヒトへの新しい亜型のインフルエンザ感染が確認されているが、感染集団は小さく限られている）」の警告を出しました。これを受けて、4月28日に日本政府は「新型インフルエンザの発生」を宣言し、内閣総理大臣を本部長とする「新型インフルエンザ対策本部」を設置しました。死亡者が確認されたメキシコを対象に、不要不急の渡航延期を求める感染症危険情報が出されました。そして、成田国際空港、中部国際空港、関西国際空港において、メキシコ、米国の本土、カナダから到着した旅客機の機内検疫が開始されました。

4月29日、WHOは「フェーズ5」を宣言しました。5月1日には、日本政府として国内で発生した場合における積極的な疫学調査や感染拡大防止措置を適切に実施する方針を示しました。5月16日に厚生労働省（以下、厚労省）は基本的対処方針に基づき、自治体などに対して新型インフルエンザ患者が発生した地域の学校等については臨時休業すること等を求め、5月18日になると大阪府と兵庫県は、全中学・高等学校の臨時休校や濃厚接触者への自宅待機を要請しました。

そして6月11日に、WHOがそれまでの「フェーズ5」から「フェーズ6(パンデミックが発生し、一般社会で急速に感染が拡大している)」への引き上げを宣言しました。日本国内では8月19日に舛添要一大臣が記者会見で「本格的な流行がすでに始まっている」との見解を述べました。

その後11月6日の時点のデータから、WHOは、新型インフルエンザによる入院率・死亡率について発表し、日本が主要国で最も低いことを明らかにしました。

北半球と南半球のそれぞれ5カ国、計10カ国を調査したところ、人口10万人当たりの入院患者数は、日本は2・9人でした。アメリカは3人、メキシコは9・3人、オーストラリアは22・5人で、最も多いアルゼンチンでは24・5人でした。人口100万人当たりの死亡者数についても、日本が最も低い0・2人で、アメリカは3・3人、メキシコは2・9人、オーストラリアは8・6人、こちらも最も高いのはアルゼンチンで14・6人でした。

日本での新型インフルエンザの死亡率が低いことについて、専門家は医療保険制度が整備されており、少ない家計負担で医療機関を受診できるために、発熱した患者の医療機関受診率が高いことが要因であると分析しています。

２００９年４月の政府による「新型インフルエンザの発生」宣言からおよそ１年後の２０１０年３月31日、厚労省は「新型インフルエンザの最初の流行が沈静化した」との見解を表明し、第一波の終息を宣言しました。その後８月10日には、ＷＨＯが「フェーズ６」から「ポスト・パンデミック」への引き下げを決定し、新型インフルエンザの流行はようやくその終結を見るに至りました。

感染症伝播の抑制を考えるために何をすべきか

感染症の伝播抑制で重要な事は、感染した人の全体数を減らすということだけではなく、ピーク時の感染者数を減らすことでもあります。感染症流行期間の感染者数が同じであったとしても、ピーク時の人数が低く抑えられれば、医療機関が多くの患者で溢れ対応が遅れるといったことが起こりにくくなります。

２００９年の新型インフルエンザの感染者数について、メキシコと日本を比較し

図2　インフルエンザウィルスA(HINI) pdm09の感染者数の推移

日本

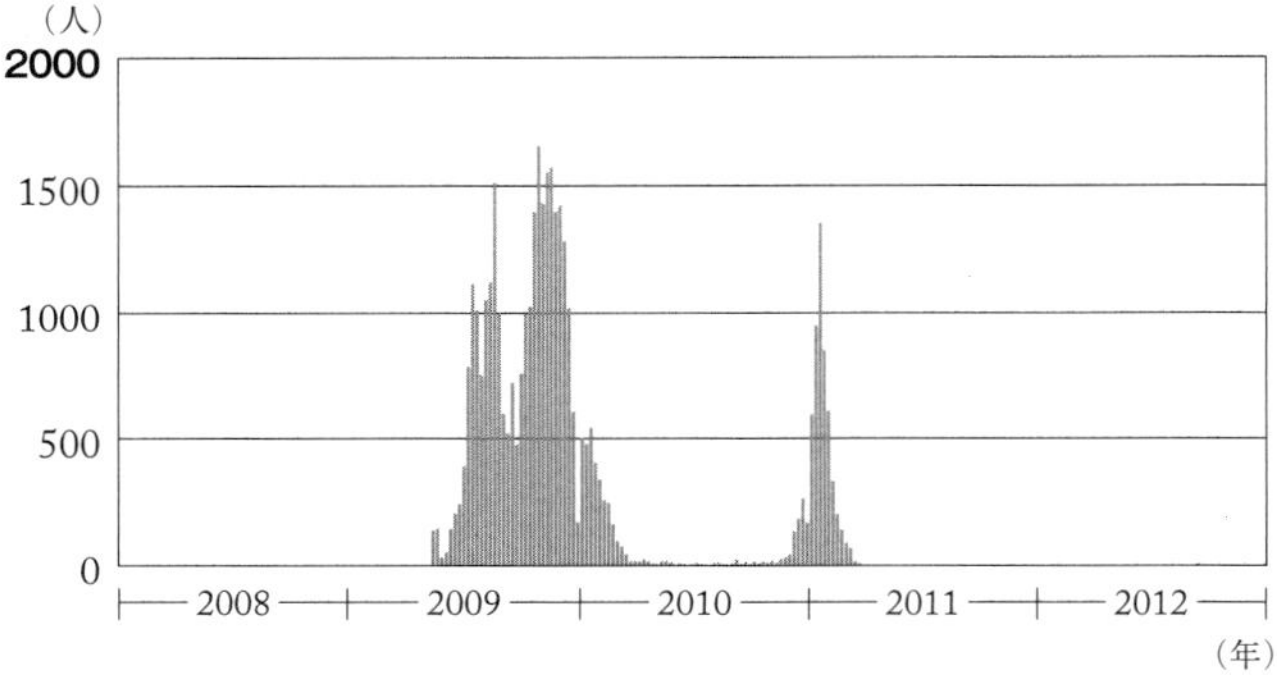

人口：約1億2750万人（2009年時点）

メキシコ

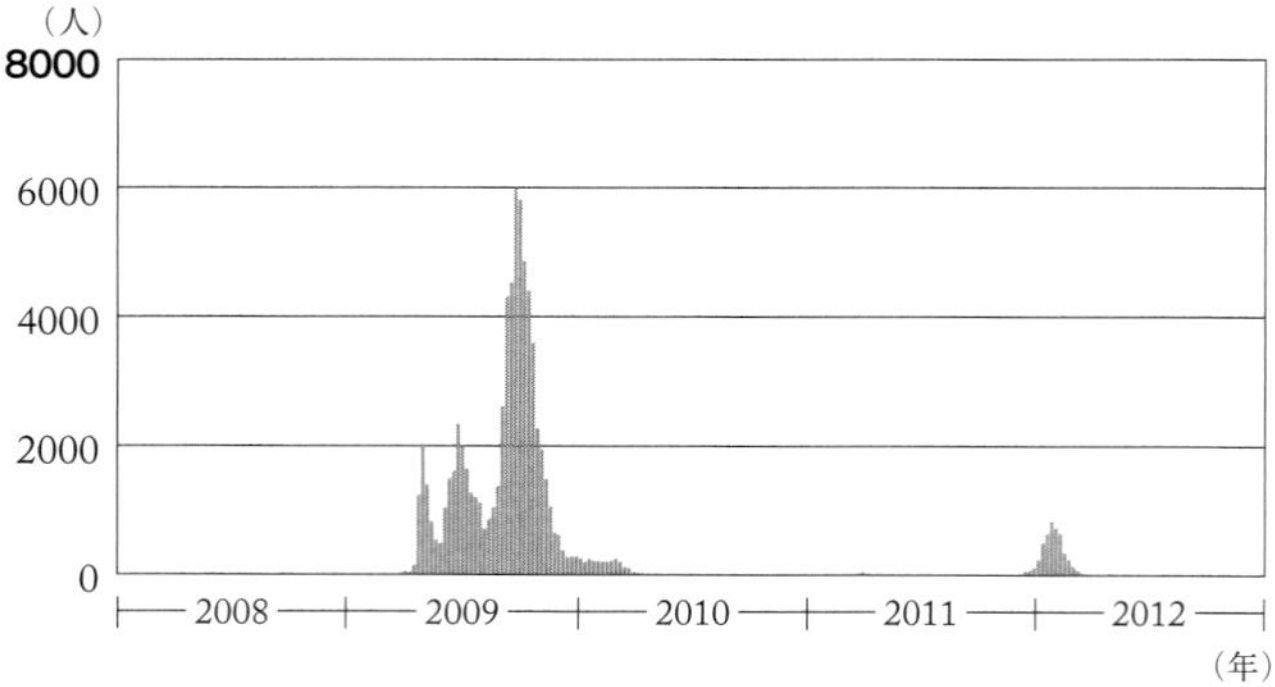

人口：約1億1100万人（2009年時点）

出典：WHO Search FluNet databaseより作成。

たデータがあります（図2）。メキシコと日本の人口規模はあまり変わらないにもかかわらず、メキシコのピーク時の感染者数約6000人に対して、日本は約1600人と、その抑え込みに成功したと考えることができます。

なぜ、日本はこのような成果をあげることができたのでしょうか。これには、医療保険制度により、感染者が有症化後すぐに治療を受けられることや、現場の医療従事者の努力に加えて、4月末に政府から出された「新型インフルエンザの発生」宣言から間もない5月の段階で、地域での学校閉鎖や濃厚接触者への自宅待機の要請など、「移動制限に関する対策」を取ったことが、奏功しています。

2009年の新型インフルエンザでは潜伏期間は概ね1日〜4日と考えられています。そのため、感染の疑われる人に対して例えば10日間の移動制限を行えば、感染していたとしても移動制限中に症状が現れ、不特定多数に感染させる前に医療機関にかかることができます。

では、仮に潜伏期間が1週間や2週間ともっと長い感染症だった場合はどうでしょうか。10日間の移動制限では十分ではないでしょう。感染拡大を抑制するという観点からは、移動制限は長ければ長いだけ良いように思われます。しかし、感染している〝かもしれない〟という人を長い期間押しとどめておくことには問題があるように思います。

そんな場合には、一体どうすればよいのでしょうか。専門家を集めてみれば、多くの様々な意見がでることでしょう。とにかく長く自宅待機をさせるようにいう専門家もいるでしょうし、それよりも感染拡大を防ぐことは難しいから近隣地域の医療期間に抗ウイルス薬を分配することが先決だと考える方もいるのではないでしょうか。

しかし、複数の対策を同時に実行できないとき、思いつく限りの対策の有効性を検討するための手段の1つとして、様々な条件を仮定してシミュレーションや解析を行うことができる数理モデルによる研究が威力を発揮するのではないかと考えています。

人の移動を考慮した感染症伝播の数理モデルと先行研究

感染症の伝播をシミュレートしようとする場合、考え得る具体的な状況設定や対策の組み合わせは無数にあります。数理モデルを用いた研究によって、従来では考えられなかったような非常に多くのシチュエーションについて、検討を行うことができるようになりましたが、それですべてバラ色というわけではありません。それは、多数の組み合わせについて、そのすべてを完全に網羅することはたとえシミュレーションでも不可能だからです。

そのため、まずはどのような状況について詳しく検討すべきか絞り込むことが重要になってきます。特に、大規模な感染拡大の恐れのあるケースについて押さえておくことが必須です。このような絞り込みについても、実は数理モデルによる解析が有効です。

感染が拡大するかどうか、それは1人の感染者がどれだけの人に感染させるかということにかかっています。1人の感染者から1人未満の感染しか引き起こさないとすると、その感染はほとんど拡大しないでしょう。一方で、1人の感染者から典型的に2人に感染をさせてしまう場合には、1人から2人に、2人から4人に、4人から8人にとあっという間に感染症が拡大してしまいます。この初めの1人から感染した人達を第2世代と呼ぶとすると、第10世代では1000人以上の感染者を出してしまうことになります。このような、1人の感染者が何人に感染させるかという数を「基本再生産数」と呼び、R_0という記号で表します。R_0が1より大きい状況は感染拡大を起こす状況を示しています。そして、このR_0は数理モデルによっても求めることのできる指標です。そのため、R_0が1を超える状況を調べることで、詳細に検討すべき状況を絞り込むことができます。

状況を絞り込んだ後に行うべきことは、より効果的な対策を考える基礎を作るため、感染症伝播の様子について詳細に調べることです。感染症伝播は人の接触を介して起こる現象であり、AさんからBさんに感染して、BさんはCさんとDさんに感染させてしまったという個々の出来事から成り立っています。そのため、細かく観察するのであれば、1人ひとりの感染について知ることとなります。

ただ、感染症伝播に関する情報は詳細に集めることができるようになってきているのですが、多くの情報は、症状が現れ、かつ、医療機関に受診したケースについてのみです。感染症によっては不顕性感染を起こすものもあり、感染者本人も気づかずに感染を広めてしまう場合がありますが、報告情報にそのようなデータは直接的には現れることはありません。また、誰から誰に感染させたのかということも特定することが難しいのが現状です。

では、どのようにしてその情報なりヒントなりを引き出すのかということが問題になってきますが、ここで、数理モデルによるシミュレーションが効力を発揮します。感染症伝播の数理モデルを基にシミュレーションを行えば、その中では起こっていることすべてを観測できるため、いつどこで誰から誰に感染させてしまったかという情報も容易に得ることができるのです。

ただし、シミュレーションに先立っては現象を表すことのできる妥当な数理モデルが必要です。感染症伝播のような複雑な現象を複雑に表現するのではなく、現象の骨組みとなる要素を取り出してシンプルな数理モデルを作ることで、数理モデルの強みを発揮することができます。数理モデルによる研究では、どの量が増えると別の量が減るのかといった要素間の関係が重要になってきます。あまりに要素が多いと、何が何の影響で変化したのかわからなくなり、結局新たな情報を取り出すことが難しくなってしまいます。

また、数理モデルを作ったからといってそれで終わりではありません。例えば、作った数理モデルを基にシミュレーションした結果が明らかに現象を再現できていない場合には、数理モデルが適切でない可能性が高いと考えられます。その場合は、もう一度対象とする現象を調べ、数理モデルを作り直す必要があります。いつでも現象に立ち返って数理モデルを修正するということを繰り返し、できるかぎり妥当な数理モデルを作ることが常に必要となります。

そして、作り上げた数理モデルを基にシミュレーションを行えるようになれば、シミュレーションの中の設定を必要に応じて調整することで、様々な状況や設定についても起きている現象を仔細に観測し解析をすることができるようになります。その結果、何らかの法則性を見つけることができれば、感染症対策を考える上で重要な情報となりえます。そして、感染伝播の特徴や法則性を考慮して対策を立て、その対策に関するシミュレーションを行うことで、対策の評価を比較的容易に行うことができるようになります。

ここで、まずは感染症伝播の数理モデルの基本的なものについて簡単に説明したいと思います（図3）。単純化のために、人の接触はいつでもどの相手とも同じように起き得ると仮定し、人の集団をいくつかのカテゴリーに分類します。

免疫を持たず感染する可能性のある感受性者の人数を英語の感受性 Susceptible

図3　基本となる数理モデル

まず人の集団を４つのカテゴリに分類します。
S：免疫をもたない人（感受性者）、
E：感染しているが潜伏期にあり人に感染させない人、
I：感染し、他人に感染させられる人、
R：回復（または死亡）して再び感染することのない人。
最もシンプルな数理モデルは、SとIのみからなる再感染を起こすケースです（SISモデル）。再感染がない場合については、SとIとRからなるSIRモデルがあります。そして、潜伏期の影響について考慮する場合には、SEIRモデルとして書き表すことができます。

この数理モデルを
方程式で表すと…

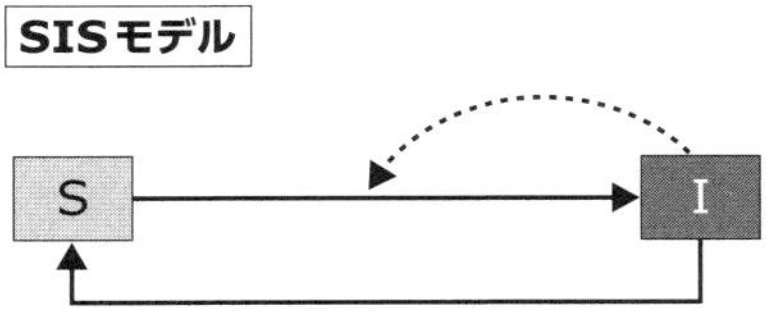

$$\begin{cases} \dfrac{dS}{dt} = -\beta SI + \mu I \\ \dfrac{dI}{dt} = \beta SI - \mu I \end{cases}$$

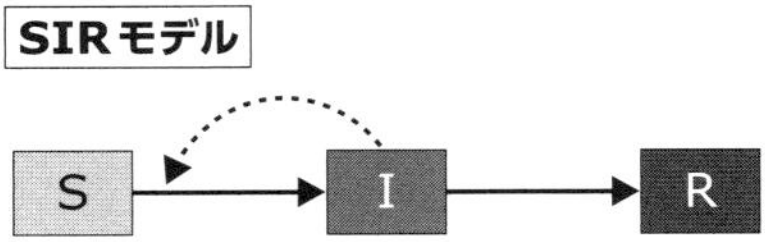

$$\begin{cases} \dfrac{dS}{dt} = -\beta SI \\ \dfrac{dI}{dt} = \beta SI - \mu I \\ \dfrac{dR}{dt} = \mu I \end{cases}$$

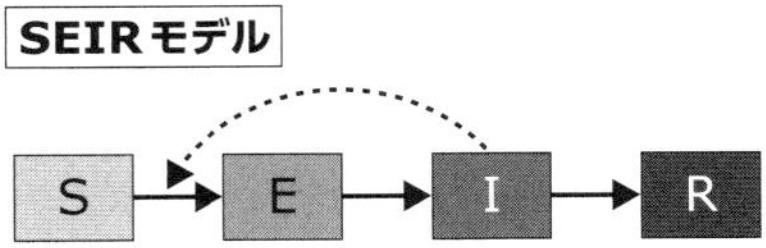

$$\begin{cases} \dfrac{dS}{dt} = -\beta SI \\ \dfrac{dE}{dt} = \beta SI - \gamma E \\ \dfrac{dI}{dt} = \gamma E - \mu I \\ \dfrac{dR}{dt} = \mu I \end{cases}$$

参考文献：M. J. Keeling and P. Rohani, “Modeling Infectious Diseases in Human and Animals”, Princeton University Press (2008)

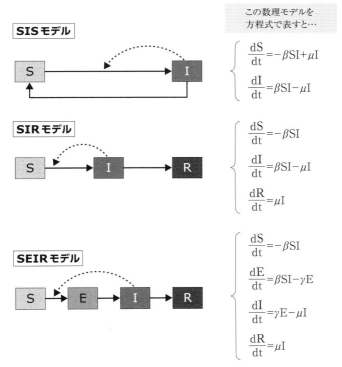

の頭文字からSで表しましょう。次に感染して人に感染させる可能性のある人の人数を感染性Infectious からIとします。感染症には多くの種類があり、一度感染してもしばらくするとまた感染（再感染）してしまうものもあり、そのような感染症の場合はこれらSとIを使った数理モデルで表されます。Sの人がIの人に出会って感染して、Iになり、しばらくするとSに戻るというものです。

数式で言うと、図3にあるようにSとIの時間微分（時間変化）の式にβSIの項があり、SとIがいるときに（共に0でないときに）確率βで感染します。また、SとIの時間微分にμIの項がありますが、これはIがある確率μでSに戻ることを意味しています。このようなモデルをSISモデルと呼びます。

再感染がない場合には、SとIに加えて、回復（もしくは死亡）した人の集団R（Recovered）を考えます。SISとの大きな違いは、μIの項がIとRの時間微分の式にのみ入っていることです。Iがしばらくしたら回復し、Rになるのですが、一旦RになったらRはずっとRのままです。これをSIRモデルと言います。

次に、感染した後に潜伏期間がある場合について考えると、この潜伏期にある人の数をE（Exposed）とした、SEIRモデルがあります。βSIの項を見てみると、

SとEの時間微分の式にのみ入っています。これは感染したら、一旦Eになるということです。EからI、IからRへの変化は、それぞれγE、μIで表されています。

少し駆け足で説明しましたが、数理モデル化する上で重要なことは、人の集団をいくつかのカテゴリーに分けてしまうという単純化です。感染症伝播の数理モデルでは、感染した人を症状の有無ではなく感染性の有無で分けています。実際の感染症では感染しても症状の出ない場合がありますが、数理モデルでIの人々は症状の有無には関係無く、ただ感染性を持つ人々のことを言います。また、Eも同様に症状があっても感染性を持たない状態の人も含みます。

これまでのSISモデル、SIRモデル、SEIRモデルでは人の接触がいつでも同じように起き得ると仮定してきましたが、実際は人が移動して人同士が出会って感染が起きるので、先述の基本的なモデルだけでなく人の移動を考慮した数理モデルも必要となってきます。以下ではいくつかの先行研究を紹介したいと思います。

実データを用いて国境を越えた人の移動を考えた研究の1つとして、Merler and Ajelli（2010）は複数の国の間の移動に、経済活動が大きく関わってくるはずだと考え、人の移動を、各国の国内総生産（GDP）と国同士の距離の関数として

図4　人の移動を考慮した先行研究

国 i と国 j の間の人の移動率、F_{ij}：

$$F_{ij} = \frac{\theta g_j^{\tau_t} g_i^{\tau_f}}{d_{ij}^{\rho}}$$

g_i：i番目の国の規格化されたGDP

d_{ij}：i番目とj番目の国の間の距離

$\theta, \tau_t, \tau_f, \rho$：フィッティングパラメータ

参考文献：S.Merler and M.Ajelli, Proceedings of the Royal Society B (2010) Vol.277 pp.557-565

近似的に表しました（図4）。ここで、人の移動はi番目の国とj番目の国の間の人の移動を表す関数F_{ij}として表されます。

F_{ij}が大きい値であるほど、人の移動が多いことを示しています。g_iとg_jはそれぞれの国のGDPから計算される値です。d_{ij}はi番目の国とj番目の国の間の距離です。関数の分子にg_iとg_jが入っていることから、各国の経済活動が活発であれば（g_iとg_jの値が大きければ）、移動が頻繁に起きることを意味します。一方で距離d_{ij}は分母にあるので、距離が遠くなればなるほど（d_{ij}が大きいほど）移動の頻度は低くなることになります。

人の移動自体を数式で表すことができれば、より現実的な人の移動を考慮した感染症伝播のシミュレーションを行えるようになります。感染症伝播の数理モデルを人の移動モデルと組み合わせてシミュレーションに用いることで、感染症伝播の予測や対策の評価に役立てることができるようになると考えています。

また、Colizza, Pastor-Satorras and Vespignani（2007）は、SISモデルを用いて地域間の人の移動をスケールフリーネットワーク上の移動と考え、感受性者Sの移動を制限することで感染の広がりを大きく抑えられることを示しました

図5　人の移動を考えたSISモデルの例

SISモデルを考え、S(I)の個体は拡散係数 D_S $(D_I=1)$ で
ノード（地域）間のリンク（交通）によって移動をします。

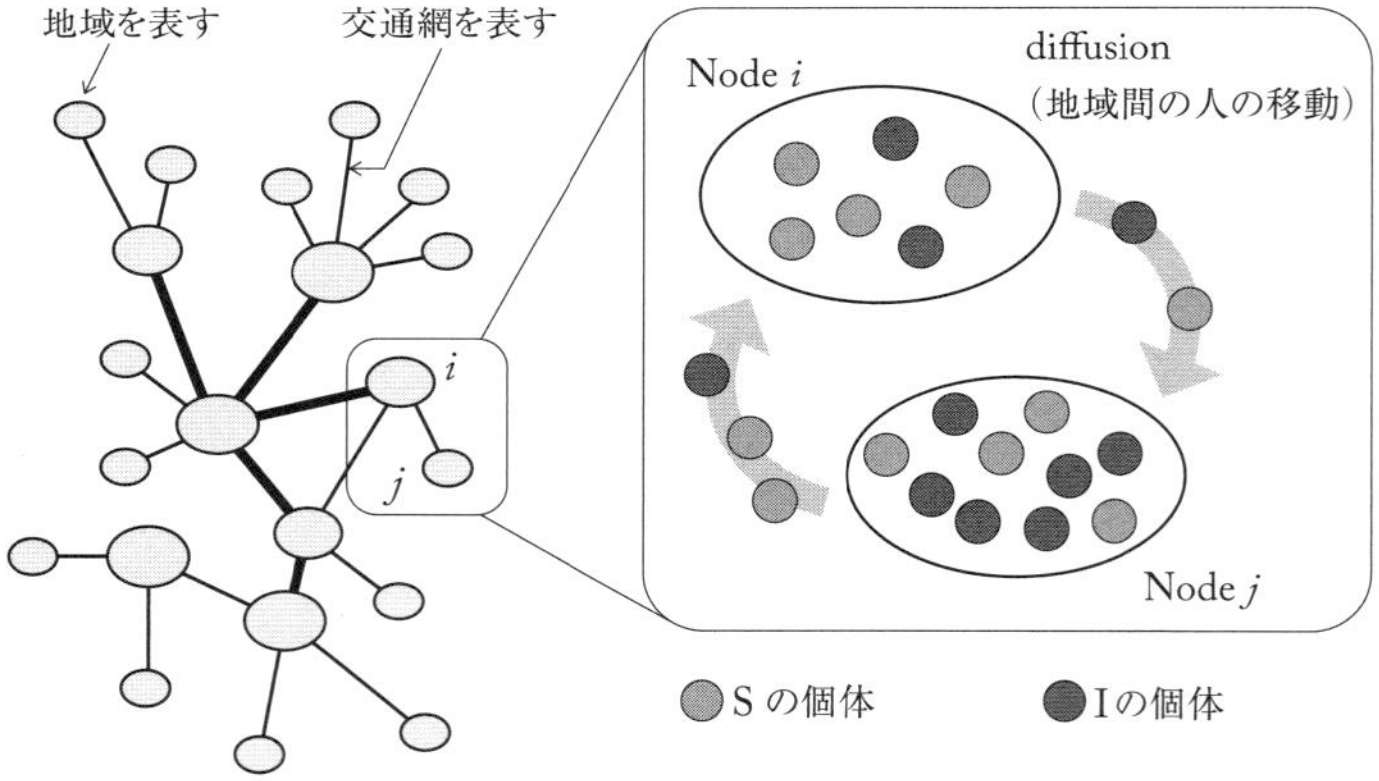

スケールフリーネットワーク上での感染症伝播を考えると、感受性者Sが移動しない状況では、比較的人口密度が高くても感染は広がりにくくなることが報告されました。

参考文献：V. Colizza, R. Pastor-Satorras and A. Vespignani, Nature Physics (2007) Vol.3, pp.276-282.

（図5）。ここでいうネットワークとは、地域を表すノードと地域間のつながりを意味するリンクから構成され、リンクがあるということは地域間が幹線道路でつながれていたり、航空路線があったりと、2つの地域が直接交通網でつながれており特に活発な人の移動があることと対応しています。スケールフリーネットワークとは、ネットワークの種類の1つで、ネットワーク上で情報や感染が非常に広がりやすいという特徴があります。そのような感染が広がりやすい状況であっても、感受性者の移動を制限することで、感染者と感受性者との接触が減り、感染が広がりにくくなるということが、非常にシンプルなモデルで示されています。

感染者の移動低下と潜伏期を考慮した数理モデル

これまで紹介した例のように、感染症伝播の数理モデルは、基礎となるシンプルなモデルから実データを取り入れ現実社会に近づけたモデルまで幅広くあります。現実社会に近づけることは感染症対策を考える上で非常に重要ですが、基礎となるモデルや理論の性質がある程度解明されているという条件のもとで有効になるものだと考えています。

では、基礎的なものに立ち返りながらも、モデルを少し現実社会の感染症伝播に近づけて深く調べてみようということで、私たちはシンプルな人の移動を取り入れたモデルについて研究を行っています。

私たちは、人の移動を考慮するために、碁盤の目のような2次元格子の上で、ランダムに動く人を考え、同じ場所で偶然出会った人同士で感染が起きると仮定しました。この場合のランダムな動きとは、人がその時いる場所から近いどの格子点へも同じ確率で移動することを意味しています。格子点はそれぞれ広い部屋のようなもので、何人もの人が同時にはいることができます。格子点での人の集まりは、社内の会議で集まる人々や小売店で集まる人等をイメージしており、一時的に人が出会う場は、感染が広がる場でもあることから、同じ場所に集まった人の間で感染が広がると仮定しています。

その上で、私たちはSEIRモデルを考え、潜伏期間や感染期間の長短や、Iの人の移動低下が感染症伝播にどのような影響を及ぼすのか、シミュレーションを用いて調べています。Iの移動低下は、インフルエンザ等に感染すると寝込んだり病院へ行ったりして活発な移動がなくなることを意図して導入したものですが、感染症対策として感染者に自宅待機を求める場合にも当てはまります。

このようなモデルを用いて、潜伏期や人の移動に関わる設定を変化させることで、感染をどのように抑制できるか調べています。特に潜伏期にある人が感染したことに気づかずに動き回ることで、どの程度感染を拡大させてしまうのかということに着目し、感染拡大との関係を見つけたいと研究を行っています。

シミュレーションで行っていることは、初めに感受性者Sの（$n-1$）人とIの1人をランダムに置きます（図6）。システムサイズ（格子点の数）は$L\times L$と固定すると、n/L^2がこの場合の人口密度となります。そして、偶然Iの置かれた格子点にSがいれば確率pで感染してEになります。感染した人は潜伏期間τ_EにはEのままですが、その期間を過ぎるとIへと変化します。そして、τ_Iの間Iの状態を保ち、その後IからRへと変化します。人の移動に関しては、SとEとRの人はそれぞれの格子点へ確率λで移動しますが、Iについては$\alpha\lambda$（$\alpha \leqq 1$）の確率で移動すると仮定しています。この場合（$1-\alpha$）が移動低下の割合を示す量となります。

こうして得られた結果は、ある人口密度を超えると感染が拡大するような人口

図6　シンプルな人の移動を考慮した、感染症伝播の数理モデル

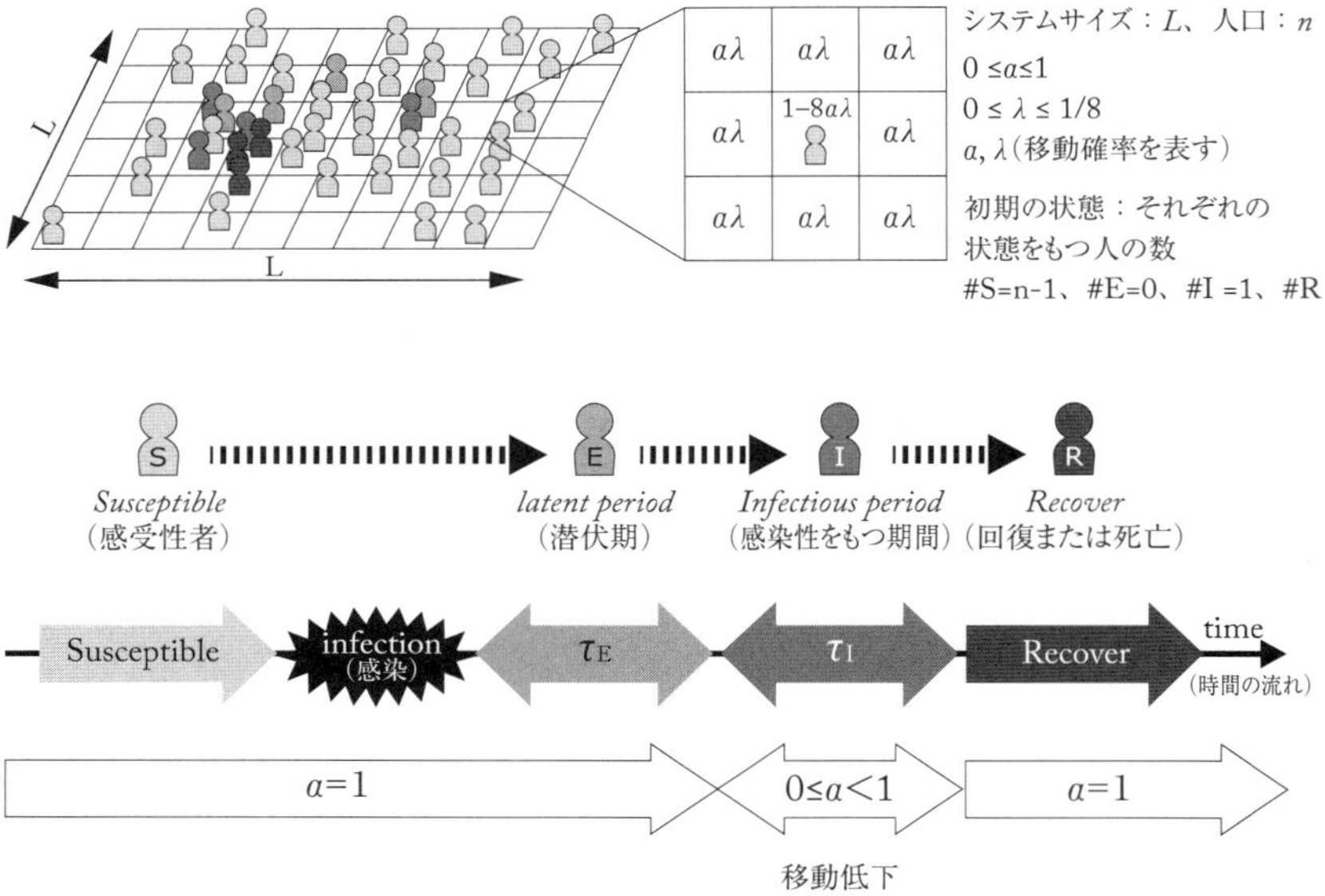

図7　感染の広がりと人の移動、潜伏期間との関係

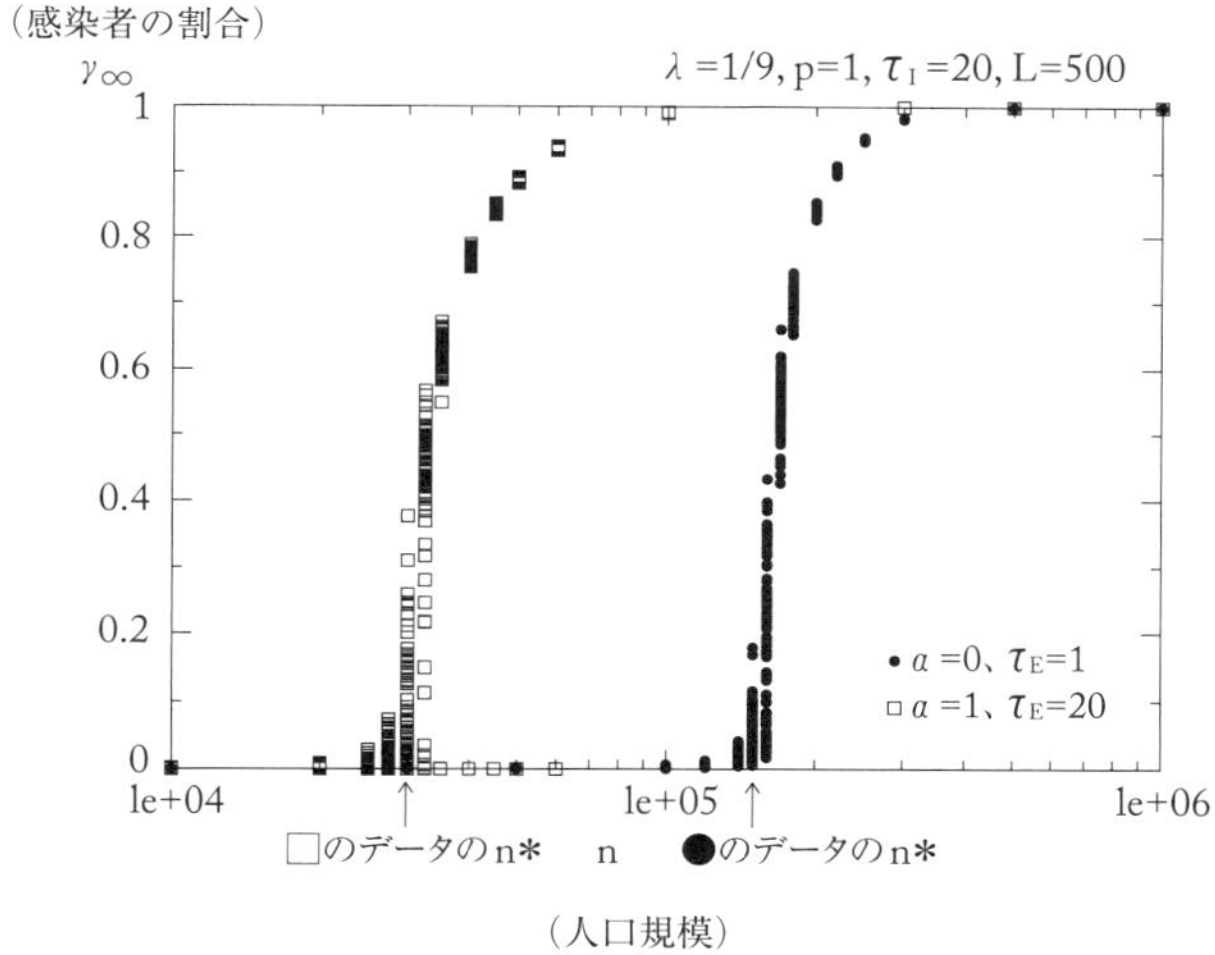

人口に対する、感染者の割合の図。□はIの時の移動低下がなく、長い潜伏期間がある場合、●は移動低下があり、潜伏期間が十分短い場合についての結果を表しています。

同じ人口規模でも、●の場合の方が感染が広がりにくいことがわかります。

参考文献：占部千由、「感染症伝播抑止―数理モデルによるスケーリングの視点から」、数理生物学会ニュースレター、No.69、pp.12-14（2013）

（n^*）があるのですが、移動低下があり（$\alpha < 1$）かつ潜伏期間τ_Eが十分に短い場合には、n^*が増大します。すなわち、感染症が伝播しにくくなるというものでした。図7では、横軸を人口とし、縦軸を最終的に感染した人の割合としています。実際、移動低下が無く潜伏期間が長い場合（□）に比べて、移動低下があり潜伏期間が短い場合（●）の方がn^*が大きいことがわかります。

なぜこのようなことが起きるのでしょうか。まず、移動低下について、例えばIになった途端にその場から動かなくなる（$\alpha = 0$）場合には、Iは動かないのでIのいる場所に偶然来てしまったSしか感染しません。そのため、IがSに出会う確率は低くなり、感染が広がりにくくなると考えられます。

次に、潜伏期間が長ければ、感染者は潜伏期間の間に遠くまで移動することができます。その結果、周囲には感受性者が多くいる場所にたどり着ける確率が高くなり、多くの人に感染させることができてしまいます。

こうして、潜伏期間が長い感染症は流行しやすいために、注意が必要となることや、感染症伝播抑止のためには、移動制限が有効な対策となることが分かりました。ただし、実際の対策では感染者の移動制限が有効であると言っても、人権に対しての十分な配慮の上で実施されるべきでしょう。

今後の展望

今後これまでの感染症伝播の数理モデルの研究を更に進め、人の移動に実データを導入したり、個々人に年齢やワクチン接種履歴の有無等の個性を与えるなどして、様々な状況に応じた数理モデル化を行いたいと考えています。それによって、感染症伝播という現象自体をより深く知るとともに、移動制限だけでなくワクチン接種戦略についても考慮した感染症伝播の抑止対策を提案できればと考えています。

また、先述の研究の他に私たちは現在感染症対策を重点的に行う地域とそうでない地域を考え、ネットワーク上でそれらの地域分布を変えたときの感染症の広がりについても研究を行っています。これらの結果をもとに、戦略的にどの地域から感染症対策を行うべきか提案することができるようになればと考えています。感染症対策をすべての地域にできれば一番良いのですが、ワクチンや抗ウイルス薬等の薬剤は有限であり、実際の現場では地域配分を考えなければならない場合もあるかと思います。そのような限られた資源を有効に活用するためにも、数理モデルによる研究が力を発揮すると考えています。

数理モデルを用いる場合には、まず良いモデルを作ることが大切です。良いモデルとは先述のように対象とする現象の本質をうまく捉え、かつ、シンプルなものということができると思います。そこで私たちのような理論研究者だけでなく、現場感覚のある研究者とが密接な連携を築き、活発で綿密な情報交換がなされることが大変重要になると考えていますが、日本はまだその途上にあると言えるでしょう。一方、海外では、両者が連携した研究が数多く存在します。今後は、医療現場に近い研究者との対話を深めながら、現場で実際に広く活用できる数理モデルを構築したいと考えています。

研究のポイント ～編者から～

複雑系数理モデル学の感染症防御対策への貢献

最近、MERS、H7N9新型インフルエンザ、エボラ出血熱など、感染症が世界の深刻な脅威となって来ている。人類の健康を守るために、様々な学問分野の英知を集めて感染症防御対策を考えることが不可欠になっている。この様な緊急性の高い状況の中で、数学が貢献出来ることが実は多い。

まずは、感染症流行時の現状把握への貢献である。感染者のデータの正確な収集は極めて難しく、実際に手に入るのは多くの欠損を含む不完全なデータである。この様な不完全なデータから、対象となる感染症の「基本再生産数」（感染者が一人発生した時にその感染者が何名に感染させるかを表す数で、これが1より大きいと何らかの防御対策をとらない限り、その感染症が社会に広がっていく可能性が高い）などの様々な疫学的特性を推定するためには、数理統計学的手法が重要となる。

次に必要となるのが、占部さんによって詳しく解説されている、数理モデルによる流行過程の記述と様々な防衛対策の効果の理論的検討である。感染症の社会での流行に関しては、実際に実験して感染過程を観察するということが不可能なので、数理モデルによる理論研究の重要性はたいへん高い。たとえば、実際に電車の運行を止めてその効果を見ることは現実には極めて難しいが、数理モデル上では簡単に行えるからである。

21世紀には、今後も様々な新興・再興（たとえば2013年の国内での風疹の流行など）感染症が発生し続けることが予想される。その防衛対策のために複雑系数理モデル学が果たすべき役割は大きい。

（合原一幸）

第3章

本震直後からの迅速な大きな余震の予測

近江崇宏（東京大学生産技術研究所）

はじめに

２０１１年３月11日の午後２時46分、国内観測史上最大の地震が日本を襲いました。この「平成23年東北地方太平洋沖地震」（以下東北沖地震）の震源（発生場所）は三陸沖70㎞、マグニチュード[※1]は９・０。強い揺れが北海道から九州に至るまでの全国の幅広い地域で観測され、約10分もの長い時間にわたって続きました。最も揺れの激しかった宮城県栗原市では震度7を記録しました。

しかし地震はこの１回では終わりませんでした。その後１時間以内に岩手県沖、茨城県沖、三陸沖で、Ｍ７（マグニチュード７）を超える非常に大きな地震が続けざまに発生し、その後もＭ７クラスの地震を含む大きな地震が多数発生しました。このような状況は現在も続いており、筆者が本原稿を執筆している２０１３年10月にも、福島県沖でＭ７・１の地震が起きました。

このように大きな地震が発生すると、その後に震源周辺で地震の活動が非常に活発になり、おびただしい数の地震が起こります。このような大きな地震の後に起こる地震を「余震」と呼び、それに対応して最初の大きな地震を「本震」[※2]と呼びます。東北沖地震の後に、いかに地震の活動が活発になったかということは、地震の発生の様子を本震の前後で比べてみるとよくわかります（図1）。東北沖においては、本震の前の1年間ではM5以上の地震はまばらにしか起こっていませんでした。しかし本震の後の1年間では、幅広い範囲にわたり、数多くの地震が観測されるようになりました。

東北沖地震の後、被災地は津波や建造物の倒壊、土砂崩れといった一連の未曽有の大災害（東日本大震災）に見舞われました。このような地震によって生じる被害のほとんどは、本震によってもたらされます。その一方で、大きな余震は被災地の被害を拡大させることがあります。例えば、余震は本震よりも規模が一回り以上小さいことがほとんどですが、本震によってダメージを受けた建造物が、余震の揺れ

※1　マグニチュードとは地震そのものの規模を表します。それに対して震度というのはある地震に対して各地域での揺れの大きさを表します。

※2　東北沖地震に関しては、本震の前の3月9日にも大きな地震がありました。このような本震の前の地震は「前震」と呼ばれます。

図1　東北沖地震の前後一年間の地震活動の比較

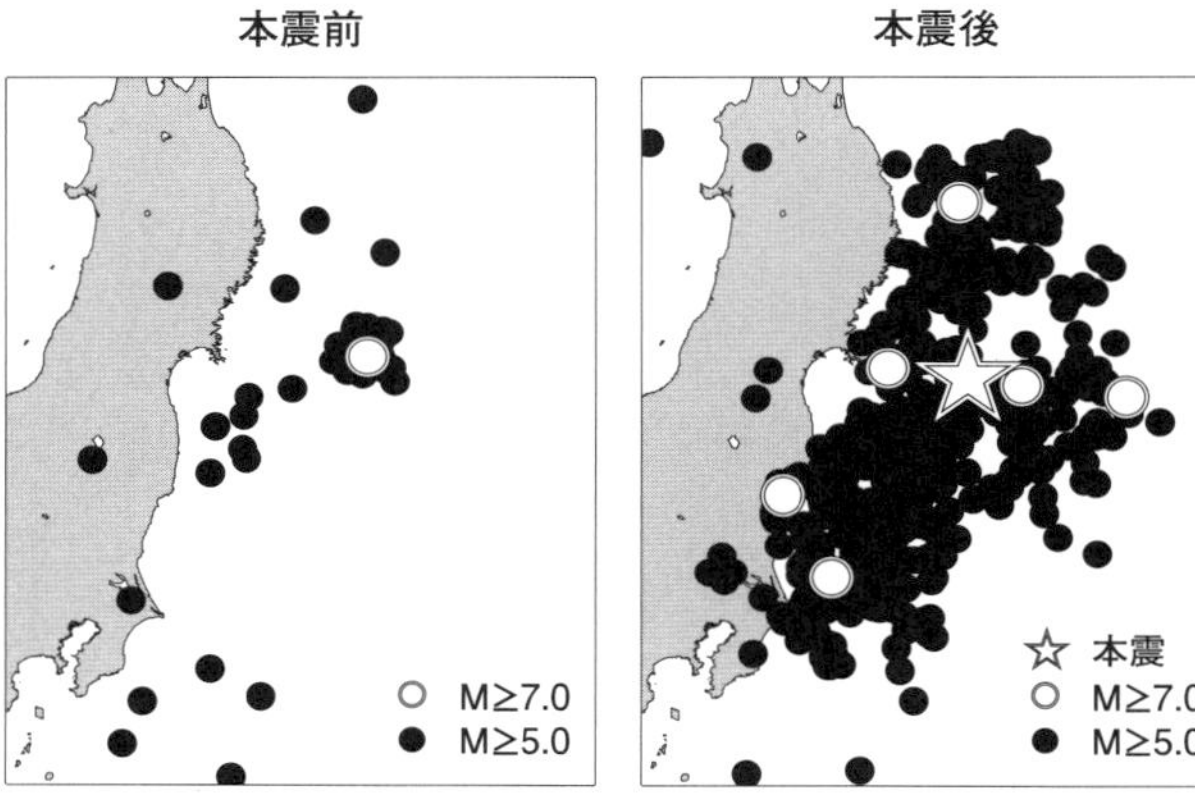

に耐えきれず倒壊するということがあります。また余震が津波を引き起こすこともあります。さらに余震活動は長期間続くことが知られており、いつまで続くのかを不安に思われる被災者も多くいるでしょう。また1995年に内閣府によって行われた世論調査で、本震の数時間後に知りたい情報が調査されました。その時に、多くの人が友人・家族の安否情報や、水道ガス電気や公共交通機関などの被害・復旧情報と同様に、今後の余震活動の見通しをあげました。

それゆえ、余震の活動についての信頼性のある情報や予報を迅速に公表していくということは、防災上非常に重要であり、社会的な要請のある重要な課題のひとつだと考えられます。このような背景から、私は余震活動の予測に関する研究を行っています。

気象庁による余震の予測

日本では大きな地震が起きると、気象庁が余震の情報や予測を記者会見やホームページを通して発表しています。このときに気象庁が行う作業概要は図2のように決められています。どのような方法で予測を行っているかについては後ほど詳しく説明します。ここではまず、東北沖地震を例としてどのような情報が公開されていたかを見ていきましょう。

まず本震の約1時間後には、余震の状況として大きな余震に対する注意が喚起されましたが、この時点では定量的な予測は行われませんでした。そして本震から約

※3　通常は、予測は本震の約1日後に行われますが、東北沖地震は極めて大きな地震であったために、予測が行われたのは約2日後でした。

図２　気象庁による余震の予測

作業概要

地震発生直後

この段階では、まだ余震の状況は正確に把握できず、過去における類似の地震を検索し、過去の活動事例を情報に活用する場合があります。

東北地方太平洋沖地震発生

2011/03/11 14:46

数時間後

「本震－余震型」であることが確認され、余震域をほぼ把握し、余震の状況を発表します。

○余震活動の状況

強い揺れを伴う多数の余震が観測されています。しばらくはこのような余震活動が続くと考えられます。

2011/03/11 16:00 発表

約１日後

観測結果から余震の確率の計算式に入れる数値が一部求まり、３日間程度の短時間の余震の確率を計算し、それを活用して作成した余震の見通しを発表します。

○確率予測

	マグニチュード７以上
3月13日10時から3日間以内	70%
3月16日10時から3日間以内	50%

2011/03/13 12:55 発表

出典：文献 [1] より改変

2日たってから、[※3]「今後3日間にマグニチュード7以上の地震がおこる確率は70%」という予測が発表されました。引き続き4月21日までの約1カ月間、随時予測が発表されました。その後は余震活動についての状況は発表されましたが、予測確率は発表されず、「大きな余震が発生する可能性は低くはなってきているものの、今後もまれに大きな余震が発生することがある」という旨の内容のみが発表されました。

早期の予測の重要性：大きな余震の約半数は本震後1日以内に起こる

気象庁はこのように余震の予測を行っており、東北沖地震の場合には本震の2日後に最初の予測を行いましたが、典型的には本震の約1日後から予測を開始します。しかしながらそれで十分なのでしょうか？

実は本震後数カ月の間に起こる大きな余震のうち、その半分以上が最初の1日に起こることが知られています。これまでに日本で起きた様々なM7クラスの地震の後に、どのように余震が起きたかを見てみましょう（図3）。例えば、2004年

図３　様々な本震後の余震活動の様子

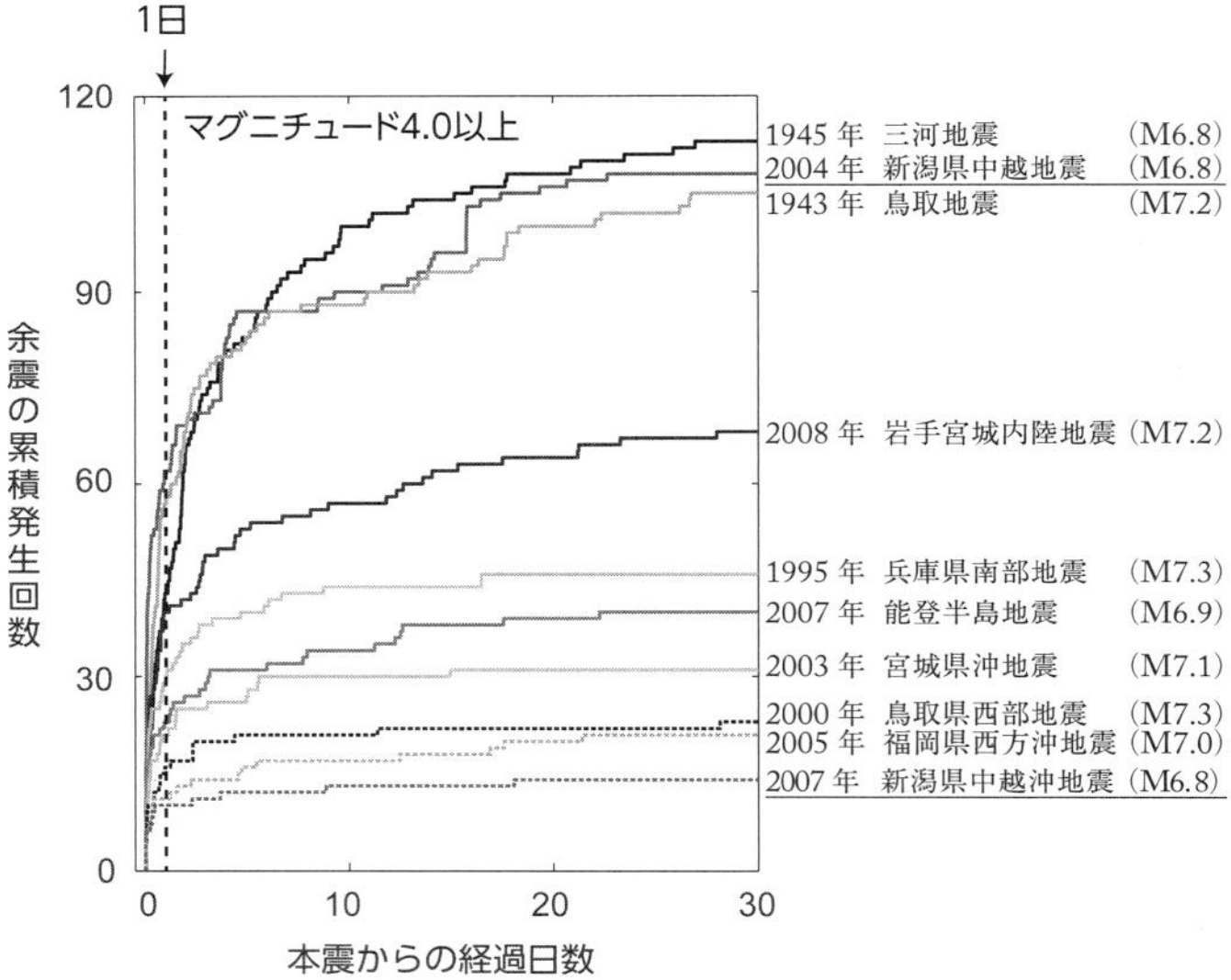

の「新潟県中越地震（M6・8）」では、本震後1カ月間にM4以上の余震が108回発生しましたが、その約6割にあたる62回が最初の1日に起こっています。他の本震に対しても、このような傾向は成り立ちます。

つまり現状では、すでに半分以上の余震が起こってしまった後に、余震の予測が発表されているのです。そのため、より早い段階から予測を行うことが望ましく、被害を軽減する上で重要と言えるでしょう。私たちの研究においても、この「余震の予測の迅速化」が中心的な課題となっています。しかしながら、初期の段階で正確な予測をたてることは、以下で見るように、とても難しいのです。

なぜ早期の予測が難しいのか？

①初期の余震の多くが観測から漏れてしまう。

では、なぜ本震の直後から余震の予測を行うことが難しいのでしょうか？その主な理由は、初期の余震の多くが観測から漏れてしまうため、本震の直後では不完全な観測データに基づいて予測を行わなくてはならないからです。図4は1995年

図4　1995年兵庫県南部地震（M7.3）の余震活動

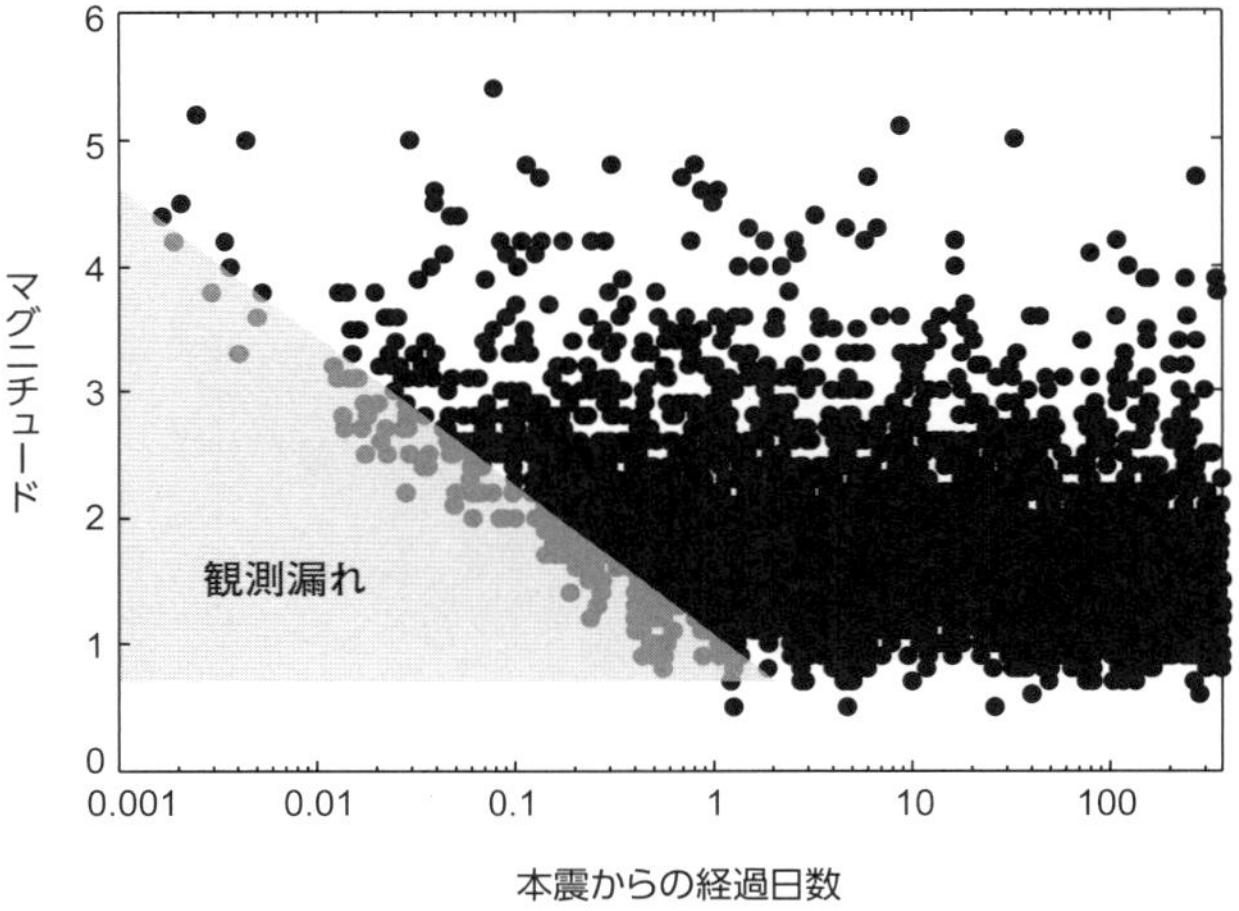

兵庫県南部地震（M7・3）の余震の活動を表したもので、それぞれの余震（黒点）の発生時間（横軸）とマグニチュード（縦軸）が示されています。これを見ると本震直後の灰色の領域には黒点がない、つまり初期の小さな余震が観測から抜け落ちてしまっていることがわかります。このような地震観測が不完全な期間は本震後の約半日ほど続きます。

なぜこのような観測漏れが起こるのでしょうか？　まず地震の観測は、地震によって生じた地震波（揺れ）を地震計で感知することによって行われます。もし地震が単体でおこれば、その検出は比較的容易に行えます。しかしながら本震の直後には多数の余震が同時に発生します。このときには、それらの余震の地震波が互いに混ざってしまうため、大きな余震の地震波に埋もれてしまった小さな余震の地震波が見逃されてしまうのです（図5左）。

このことをわかりやすい例で解説します（図5右）。誰かと話をするときに、相手が1人である場合は、その人が何を話しているかをすぐに聞き取ることができます。ところが多数の人が同時に発話した場合は、ひとりひとりが何を言っているかを把握するのは困難です。あるいは声が大きな人についてはある程度何を話しているかがわかりますが、声が小さい人については聞き取りにくいでしょう。相手が何を話しているかを理解しようとする行為を、地震を観測することになぞらえると、声が大きい人の話（＝マグニチュードが大きい地震）は分かりやすいですが、声が小さい人の話（＝マグニチュードが小さい地震）を個々に聞き取るのは難しい、ということが言えます。

このように、初期の余震の観測データは非常に不完全であり、このような不完全なデータをもとに予測をするのは非常に困難です。そのため、現状では検出能力が

図5　地震の検出

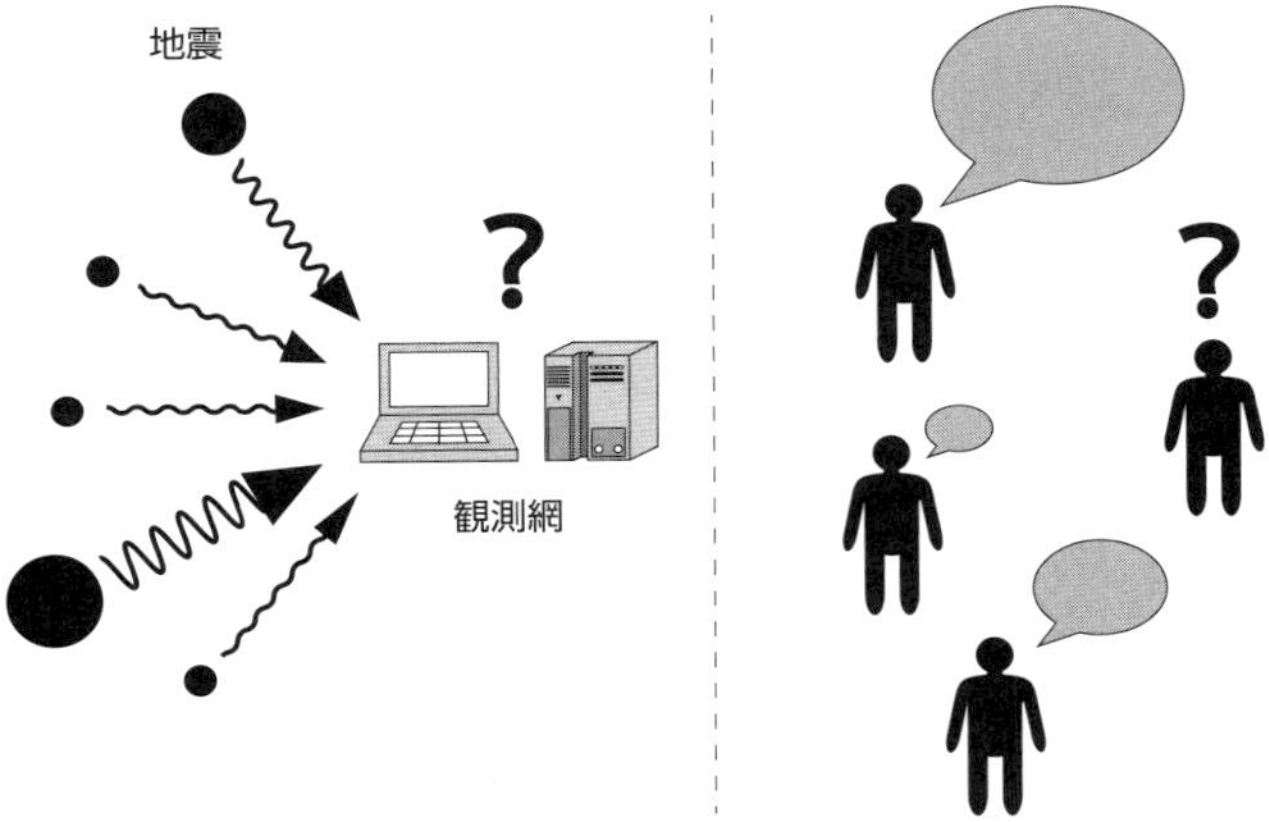

回復し、精度よく観測された地震発生データがそろうまで約1日待つ必要があり、その結果として予測を行うまでに約1日間もの時間が必要になる訳です。

② 余震活動はとても個性が強い。

また余震の予測をする上で別の難しさもあります。図3に戻りますが、ここで示されている様々な本震のマグニチュードは似ているにもかかわらず、余震の発生回数は非常に異なっていることがわかります。特に2004年の「新潟県中越地震」と2007年の「新潟県中越沖地震」を比べてみましょう。

この2つの本震は、マグニチュードはいずれも6・8、そして同じ地域で起こっています。しかしながら余震の発生回数は大きく異なっており、その差は約7倍にも及びます。

一般的には本震のマグニチュードが大きければ大きいほど、余震の活動度も大きくなりやすいという傾向はありますが、このように余震活動は本震に応じてとても強い個性を持っています。そのため本震のマグニチュードに応じた余震の発生回数を事前に見積もることは非常に困難です。余震の予測ではこういった点も考慮しなければなりません。

不完全な観測データから余震の予測を行うための新技術の開発……

これまで、(1) 大きな地震はおびただしい数の余震を引き起こし、それらは被害を拡大しうるということ、(2) 多くの余震は最初の1日に起こるため、余震の予測を迅速に行うことが重要であるということ、(3) 初期の観測データは多くの観測漏れを含んでおり、非常に不完全であるということを説明してきました。迅速な予測を行うためには、不完全なデータに基づいて予測を行わなくてはならないという困難を乗り越えなくてはなりません。

そこで私たちは統計学に基づいた数理モデルを駆使することにより、観測漏れのあるデータから実際にはどの程度の数の地震が起こっていたかを推定・予測する新技術を開発しました。この新技術を用いることにより迅速で精度の高い余震の予測が可能になります。

以下では、どのように余震の予測を行うか、私たちの新技術はどのように開発されたか、余震の予測がいかに改善されたかについて詳しく見ていきます。

地震の確率予測

地震の予測というと、皆さんはどのようなものをイメージするでしょうか？例えば「M８の地震が３日後に東京で起こる」というようなものを想像する人が多いかもしれません。このような地震のマグニチュード・時間・場所を強く限定する予測は「決定論的」予測と呼ばれます。「予知」と言う言葉は基本的にはこの決定論的予測を指します。

しかしながら、現在の科学技術では正確な決定論的予測を行うことは非常に困難です。予知は巨大な地震の発生と密接に関連した前兆をとらえることで可能になります。この前兆の候補として大気中のイオン濃度、地中の電流、動物の行動などの異常といった様々な現象がこれまで報告されてきました。しかしながらそれらの現象が観測されたからといって、必ずしもその後に大地震が起こるとは限りません。逆にそれらの現象を伴わずに大地震が起こることもあります。これらの異常現象と巨大地震との間には何かしらの関連性があるかもしれませんが、その関連性は弱いものなので、正確な予知は現時点ではできないのです。

それに対して私たちが行っているのは「確率」予測です。確率予測というのは天気予報でも「明日晴れる確率は80％」のように用いられていますが、例えば「5年以内にマグニチュード7以上の地震が起こる確率は30％」というように、地震発生の確率を与える予測形式を指します。また余震の予測では「マグニチュード5以上の余震は95％の確率で10～20回起こる」というような表現をとることもあります。以下では、予測と言ったときには確率予測を指すこととします。

余震の振る舞いを示す2つの経験則

以下では、どのように余震の予測を行うかを詳しく説明していきます。そもそも余震は全くでたらめに起こっている訳ではなく、その活動にはいくつかの法則（規則性）があることが、これまでの研究からわかっています。余震の予測にはそのような経験則を利用します。ここではまず、余震活動の経験則を紹介していきます。

1つ目は「大森則」及び「大森‐宇津則」と呼ばれているものです。大きな地震の直後では、余震の活動は非常に活発ですが、時間が経つにつれて徐々に弱まっていきます。図6は、1891（明治24）年に発生した濃尾地震（M8・0）を例にして、1日あたりの余震の発生回数が本震からの経過時間に対してどのように減衰するかを示したものです。余震の頻度が両対数グラフ上で直線的に減少していることがわかると思います。このような振る舞いは数学的には「双曲線」と呼ばれる関数（式1）でよく表すことができます。λは余震の1日あたりの発生頻度を、tは本震からの経過日数を表しています。Kは余震の活動度の強さを表し、cは減衰が

図6　余震活動の減衰の経験則

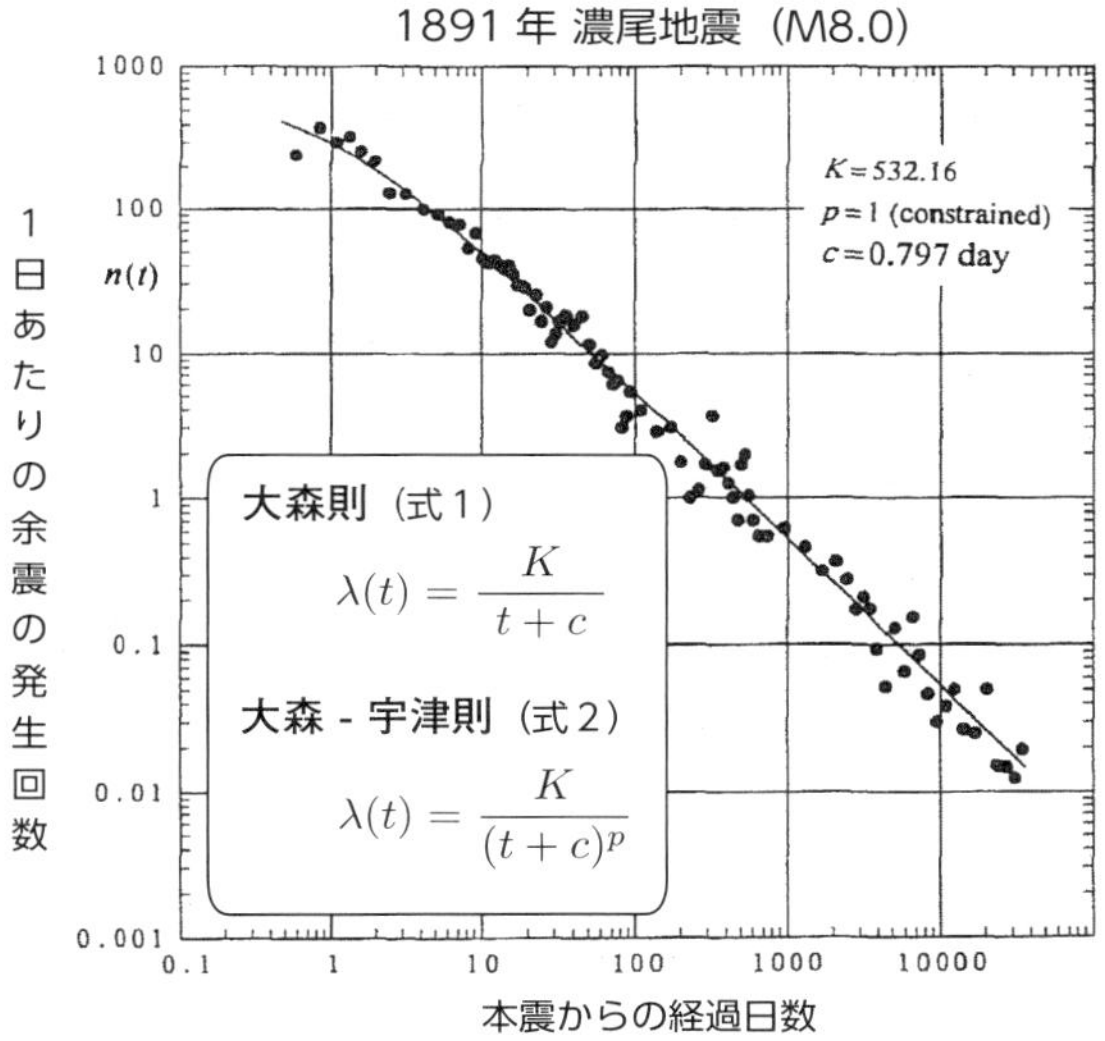

出典：文献 [2] より改変

観測され始める時間に関連しています。

この「大森則」を考案した大森房吉（1868〜1923）は、「日本地震学の父」と呼ばれています。大森は濃尾地震の余震の観測・研究から、この法則を見いだしました。

この大森則から、本震1日目の余震の頻度を基準とすると、本震の10日後にはおおまかにはそれが10分の1になることがわかります。つまり本震の直後では余震活動は急速に弱まります。しかしながら、それがさらに10分の1になるのは本震の100日後であり、さらに10分の1になるのは本震の1000日後です。つまり時間が経つと余震の活動が低下する勢いは徐々に弱まっていくため、非常に長い期間にわたって余震活動が継続するのです。濃尾地震の余震活動が100年経ってもなお続いているということは、このことを示す良い例の1つでしょう（図6）。

その後、この「大森則」を用いて様々な余震活動の減衰についての研究が続けられる途上で、余震活動の減衰の速さはそれぞれの余震系列ごとに差がある（グラフ上での頻度の減衰の傾きが異なる）ことが明らかになりました。この点を考慮し、宇津徳治（1928〜2004）が、「大森則」に改良を加え、これを1961年に「大森‐宇津則」（式2）として発表しました。大森則と比べるとpという、余震頻度の減衰の強さを表す量が新たに加わっています。

その後、この大森‐宇津則は様々な研究によって検証され、現在では余震活動を表す標準的な数理モデルとして多くの研究に用いられています。以降の私たちの研究でもこの大森‐宇津則を用います。

このように、余震の研究の初期において、大森と宇津の2人の日本人が非常に重要な役割を果たしてきたということは特筆に値することでしょう。

この大森‐宇津則は、それぞれの余震系列により異なった値をとるパラメータK、p、cを持っています。これらの値は実際に観測されたデータに適合するように決めます。一度パラメータがデータから決定されれば、大森‐宇津則を将来に向かって延長することで、将来のある期間で余震が何回くらい起こるかを見積もることができます。このように大森‐宇津則は、余震予測において重要な役割を果たしています。

もう1つの経験則は、ベノー・グーテンベルグ（1889〜1960）とチャールズ・F・リヒター（1900〜1985）によって1944年に考案された「グー

図7　グーテンベルグ - リヒター則

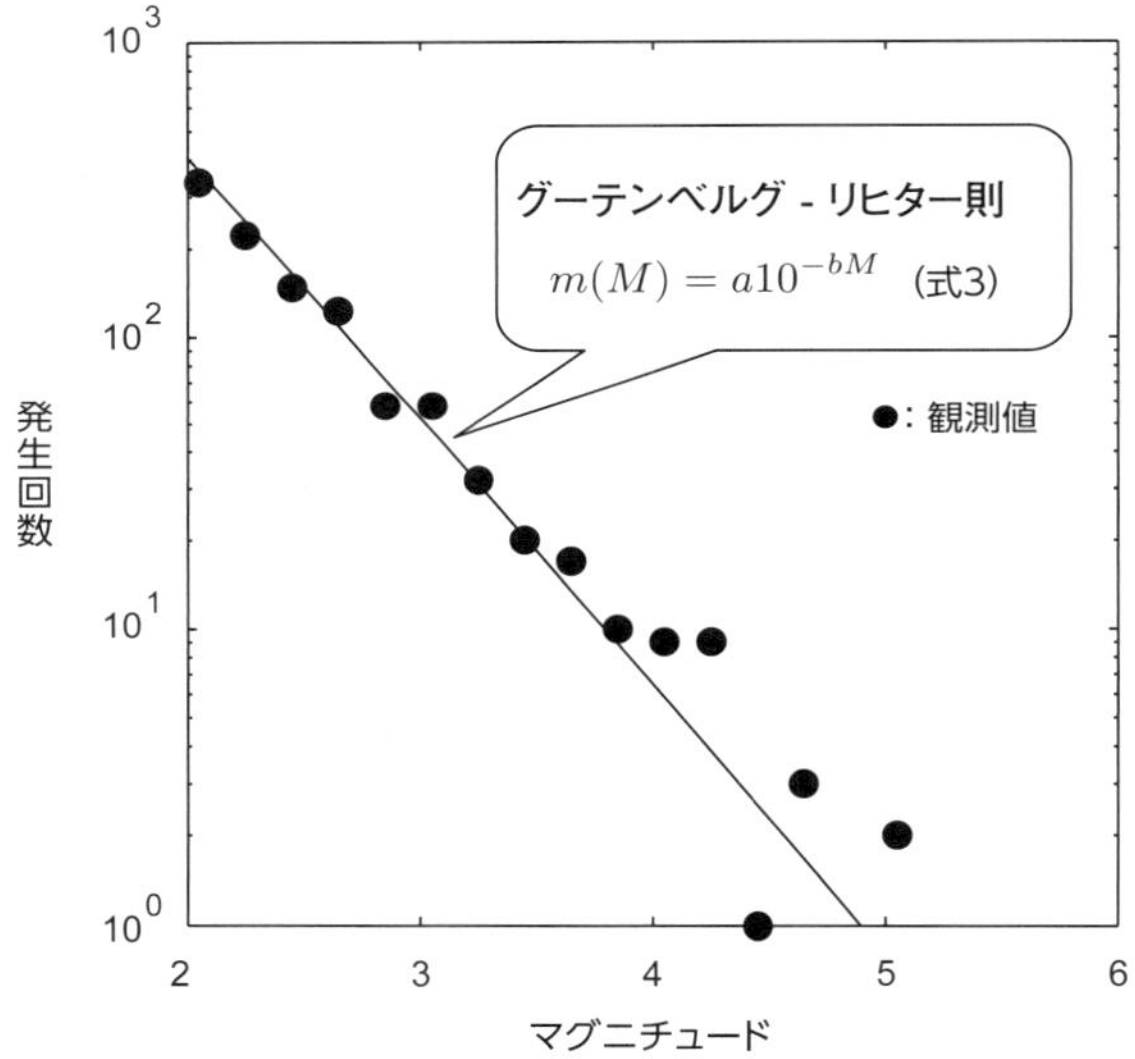

テンベルグ-リヒター則」と呼ばれるものです。大きな地震は小さな地震に比べるとまれにしか起こりません。図7は、「1995年兵庫県南部地震（M7・3）」の余震を例に、各マグニチュードの余震が何回起こったか（マグニチュードの分布）を調べたグラフです。マグニチュードが大きくなるにつれ地震の発生回数がグラフ上で直線的に減少していくような規則性があります。このようなマグニチュードの分布は（式3）のような数式でよく表すことができます。mは地震の発生回数を、Mはマグニチュードを表しています。aは地震の活動度を、bは小さな地震に対する大きな地震の割合を表すパラメータです。兵庫県南部地震の場合、グーテンベルグ-リヒター則はマグニチュードが1あがると、その地震の発生頻度は約7分の1になるということを表しています。

大森-宇津則から余震の全体の発生回数が予測できるということを説明しましたが、そのうちマグニチュード5や6以上の大きな余震というのは、全体のごく一部です。どの程度の割合でそれらの大きな地震が含まれているかということは、グーテンベルグ-リヒター則から見積もることができます。

このように、大森-宇津則とグーテンベルグ-リヒター則という2つの経験則を用いることで、余震の予測が可能になります。またこのことは現象を数理モデルとして表現することが、科学的な予測においては非常に重要であるということの一例を与えています。

観測漏れのある不完全なデータからの推定手法

余震の数理モデルは観測データに基づいて推定する必要があるパラメータを含んでいます。しかしながら、前半でも述べましたが、初期の余震の多くは観測から漏れてしまいます。観測データが不完全な場合には、データからパラメータを決定するのは非常に難しい問題になります。

そこで私たちは、観測漏れのあるデータから実際にはどの程度の数の地震が起こっていたかを推定することはできないか？ということを考えました。つまり不完全な観測データを補完するような技術の開発を行うことにしたのです。

具体的には、ある時間にあるマグニチュードの地震が発生したときに、その地震が観測網によって検出される確率（検出率）を推定する統計学的方法を開発しました。この検出率がわかれば、実際に観測されたデータから逆算して、実際にどの程度の数の地震が発生していたかを見積もることができます。例えば地震が10回観測され、その時の検出率が50％であったならば、実際には20回程度の地震が起こっていたと推定することができるでしょう。その後に予測モデルを当てはめることで、あたかも完全な観測データをもとにしたかのような高精度予測が可能になります。

以下では、検出率を観測データからどのように推定するかということを説明していきます。検出率は観測された地震のマグニチュードのパターンから推定することができます。これまでマグニチュードの分布はグーテンベルグ‐リヒター則に従うことを説明しました。しかしながら、実はマグニチュードが小さい領域では、観測値とグーテンベルグ‐リヒター則がずれているのです（図8下のグラフ）。これは、小さな地震は地震波も小さいので、たとえ単体で起こったとしても、観測網がそれを検出できずに見逃してしまうことがあるからです。

ここではまず、全ての地震が観測できていれば、マグニチュードが小さくても、マグニチュードの分布は図8下のグラフの点線のようにグーテンベルグ‐リヒター則に従っていると仮定しましょう。さらに観測値とグーテンベルグ‐リヒター則と

図8　検出率関数

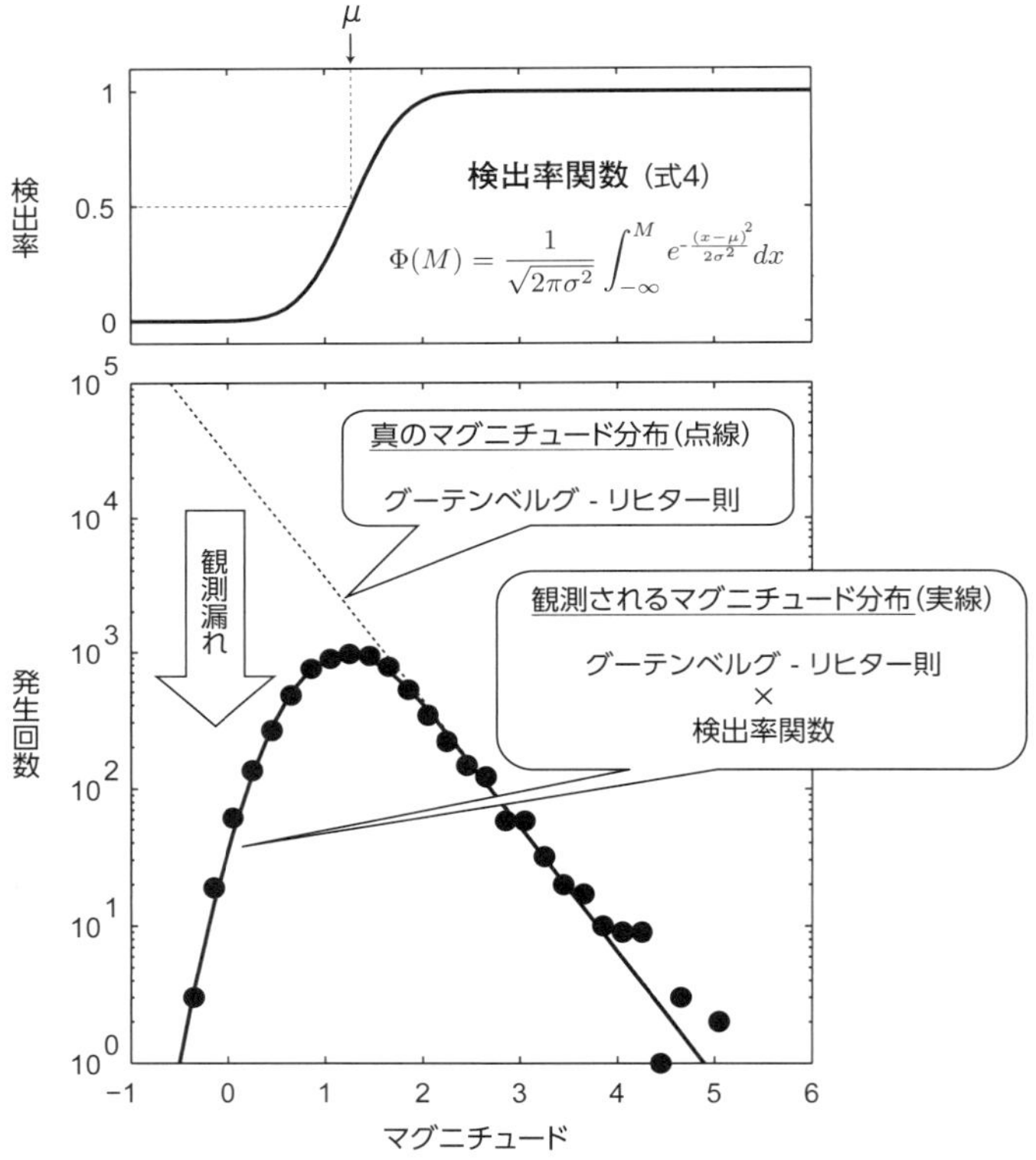

μ
1
0.5
0
検出率
検出率関数（式4）
$\Phi(M) = \frac{1}{\sqrt{2\pi\sigma^2}} \int_{-\infty}^{M} e^{-\frac{(x-\mu)^2}{2\sigma^2}} dx$
10^5
10^4
10^3
10^2
10^1
10^0
発生回数
真のマグニチュード分布（点線）
グーテンベルグ - リヒター則
観測漏れ
観測されるマグニチュード分布（実線）
グーテンベルグ - リヒター則
×
検出率関数
−1
0
1
2
3
4
5
6
マグニチュード

のずれは全て観測漏れによって生じたと仮定しましょう。すると観測された地震の数とグーテンベルグ‐リヒター則を比べることで、検出率を見積もることができます。

これをより精密に行うために、ここでは検出率の数理モデル（式4）を導入します。この検出率関数は、マグニチュードが小さいときには0％に近い低い値をとり、マグニチュードが大きい場合には100％に近い高い値をとります。これは小さい地震ほど検出が難しく、大きな地震ほど検出が容易であるという事実に基づいています。このモデルは、検出率が50％であるマグニチュードを表すμと、部分的に地震が観測されているマグニチュードの領域の幅を表すσの2つのパラメータを持っています。後でも出てきますが、パラメータμは検出率と密接に関連した重要なパラメータです。ここではμは約1・3ですが、それより少し大きなマグニチュードあたりから地震が完全に検出されている（検出率が100％に近い高い値をとっている）ということがわかります。このようにμは地震が完全に観測されているマグニチュードの下限に関連しています。μが大きい場合には、大きなマグニチュードの地震しか観測されておらず、検出率は低い状態を表しています。その逆にμが小さい場合には、小さなマグニチュードの地震もよく観測されており、検出率が高い状態を表しています。

グーテンベルグ - リヒター則と検出率関数をかけあわした曲線(図8下のグラフの実線)は観測される地震のマグニチュードの分布を表しますので、この曲線が観測値と合うようにパラメータを選んでやると、各マグニチュードでの検出率を図8上のグラフのように推定することができます。

さて、これまで観測漏れのあるデータから、各マグニチュードの検出率が推定できることを説明してきました。しかしながら、検出率はマグニチュードだけでなく、時間にも依存します。というのは、本震直後では、検出率が非常に小さく、大きな余震しか観測されませんが、時間が経つにつれて検出率が回復し、徐々に小さな余震も観測されるようになります。このことを数理モデルに取り入れるために、前に説明した検出率関数のパラメータμが時間変化すると仮定します。おおまかには本震直後ではμが大きく(検出率が低く)、それから徐々にμが下がってくる(検出率が高くなる)ような振る舞いが予想されます。

図9　ベイズの定理

尤度関数　事前分布

$$P(\boldsymbol{\mu}|\mathbf{M}) = \frac{P(\mathbf{M}|\boldsymbol{\mu})P(\boldsymbol{\mu})}{P(\mathbf{M})} \quad \text{（式5）}$$

事後分布

ベイズ推定理論

複雑に時間変動する量をデータから推定するというのは一般的には非常に難しい問題です。そこで私たちはベイズ推定という統計理論を用いた推定手法を開発しました。通常の推定問題では、数理モデルがデータにより適合するようにパラメータを推定します。ベイズ推定ではこれに加えてパラメータに対する事前の想定を導入することでより最適な推定を行います。ここでは$\mu(t)$の時間変動は〝滑らか〟であるという想定を用います。時間変動する関数というのは無限にある訳なのですが、事前の想定を用いることにより、ある程度妥当な関数の範囲をしぼることができ、その中からデータに基づいて最適なものが選ばれます。

このベイズ推定はベイズの定理（式5）を用いることによって行うことができます。この式は事後分布（データMが与えられたときのあるパラメータ$\mu(t)$の妥当性）は尤度関数（あるパラメータ$\mu(t)$を持つときの観測されるマグニチュードMの分布）と事前分布（$\mu(t)$の時間変動が滑らかであるという事前想定）の積に比例するということを表しています。尤度関数はすでに前に説明した数理モデル（グーテンベルグ‐リヒター則×検出率関数）によって与えられています。事後分布が最も大きくなるような$\mu(t)$を選ぶことで、データと事前想定を組み合わせた最適なパラメータを選ぶことができます。

不完全な観測データから余震の発生頻度を予測する

これまでに、観測漏れのあるデータから検出率を推定する方法について解説してきました。検出率がわかれば、実際にはどの程度の地震が起こっていたかを見積もることができ、それに既存の予測モデル（大森‐宇津則とグーテンベルグ‐リヒター則）を組み合わせることで、精度の高い予測をより迅速に行うことが可能になります。私たちは実際の東北沖地震の余震データを使って、この予測手法の有効性を検証しました。

まず、私たちの方法では地震の時間変動する検出率を推定します。以下では最初の3、6、12、24時間のデータからの予測を行うので、それぞれの推定期間の検出率をまず推定する必要があります。図10は、本震後の3、6、12、24時間のそれぞれのデータに対して、検出率が50％であるマグニチュードの時間変動$\mu(t)$を推定した結果（曲線）を示しています。最初$\mu(t)$は約マグニチュード6をとっており、観測される地震の多くはマグニチュード6以上で検出率は非常に低いです。時間が経つと、$\mu(t)$は徐々に下がっていき、次第により小さな地震も観測されるようになり、検出率が回復していきます。$\mu(t)$が振動を示しているのは、大きな余震の後には再び検出率が下がるからです。この推定により、各時間、各マグニチュードでの地震の検出率を得ることができます。

次に、推定された検出率を用いて、余震の予測を行っていきます。最初は私たちの方法によってどのように余震が予測されるかを見るために、本震後1日間のデー

図10　検出率の推定

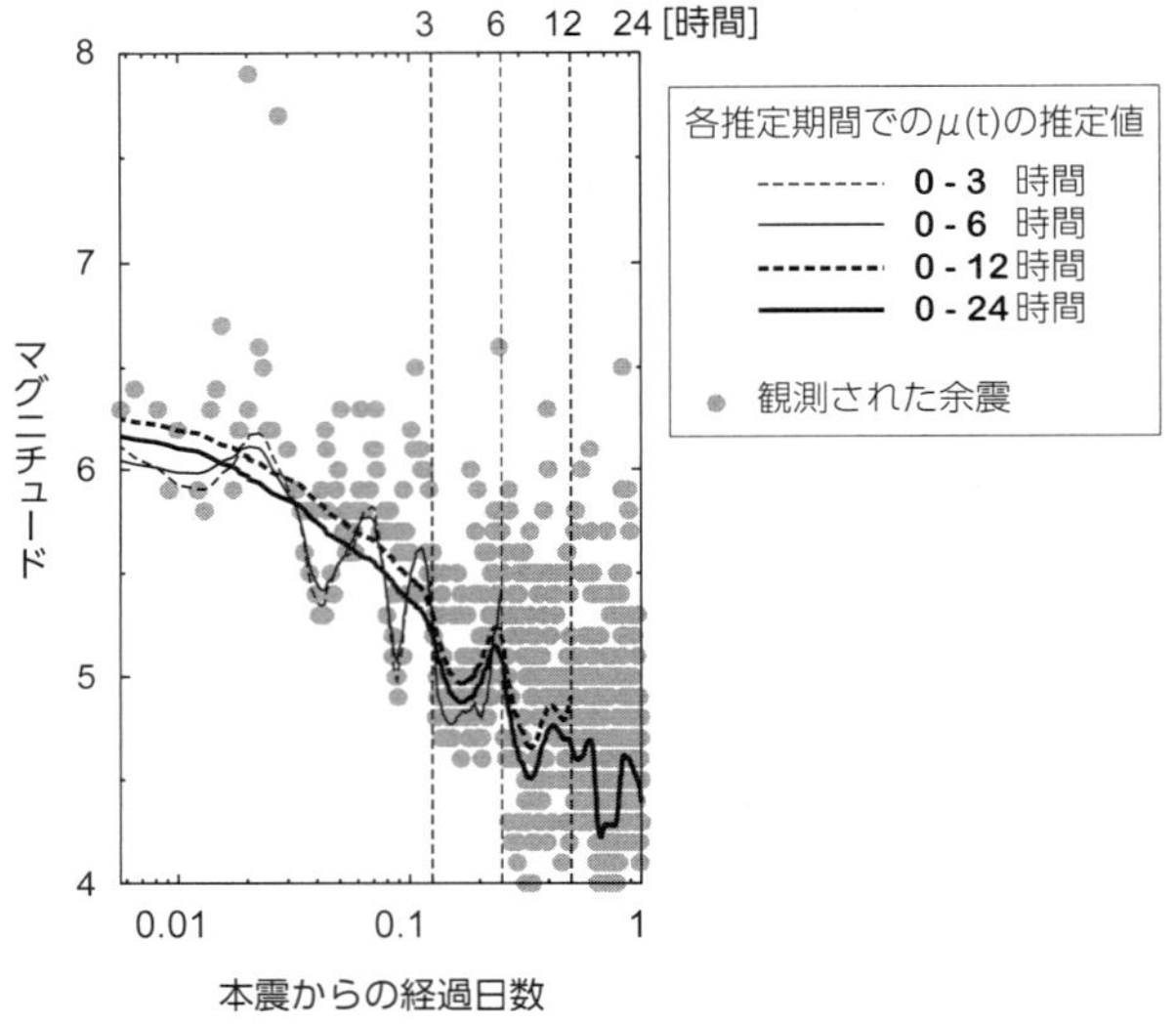

出典:文献[3]より改変

図 11　余震活動の長期予測：本震後 1 日間のデータからその後の 1 カ月の余震活動を予測。

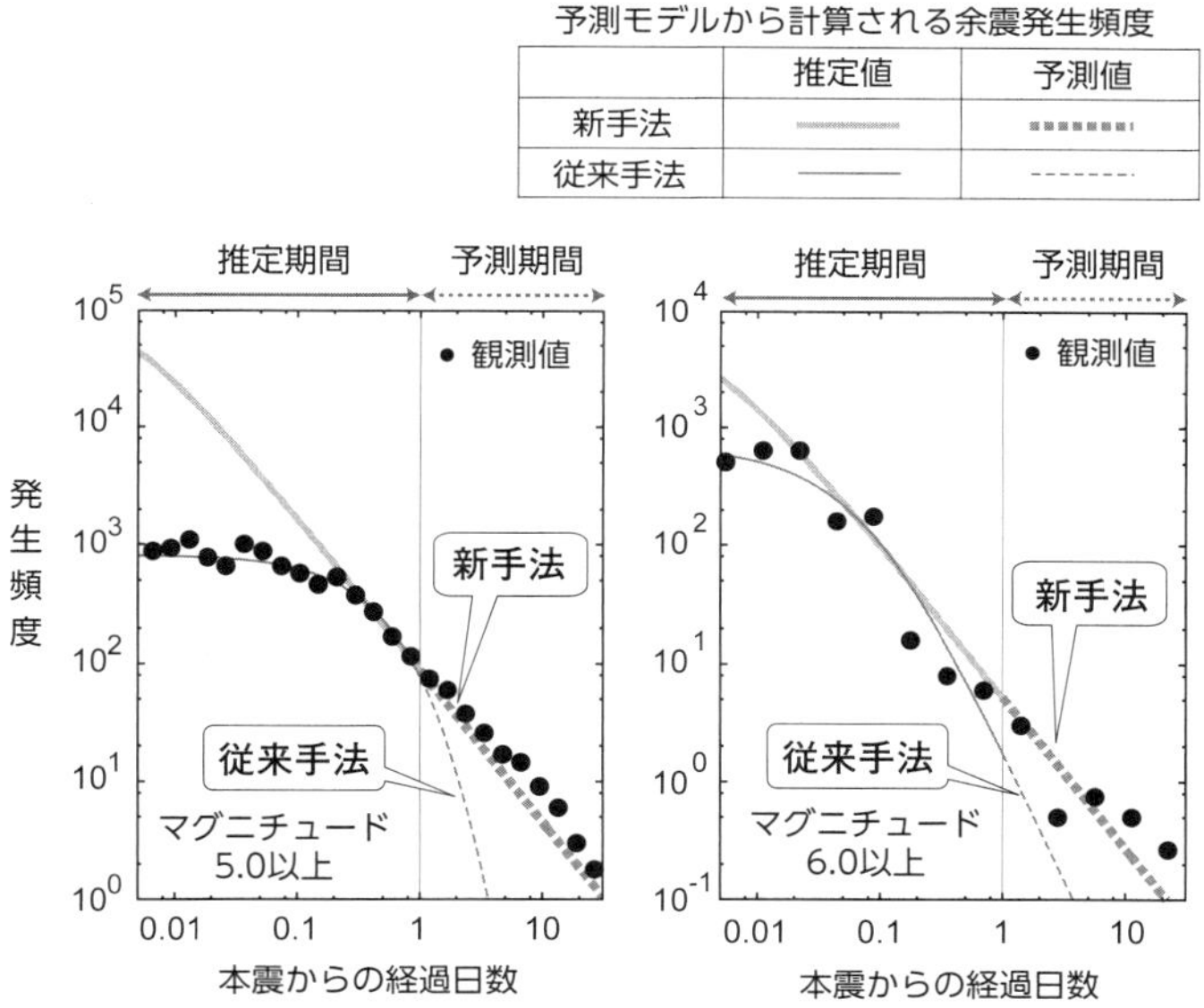

出典：文献 [3] より改変

タから予測モデルを推定し、その後1カ月間の余震の頻度の予測を行った結果を説明します（図11）。新手法と書かれている曲線が、私たちの新しい方法によって推定・予測された余震の発生頻度です。この図を見ると本震1日後以降で、マグニチュード5以上と6以上のそれぞれの余震の発生頻度の観測値（黒丸）と予測値がよく一致していることがわかります。つまり私たちの方法によって、本震後1日経った時点で、次の1カ月の余震活動がよく予測できるということを意味しています。

他方で、私たちの方法を使うと、推定期間で推定値が観測値を大きく上回っていることがわかります。本震直後では観測が不完全なため、一部の余震しか観測することができません。それに対して、私たちが推定した値は、観測から漏れた地震を含めて実際にはこの程度の数の地震が起こっていたということを示しています。そのため私たちの推定結果は実際の観測値よりも大きな値をとっているのです。

比較のために、データの欠損を考慮しない従来の方法で予測を試してみましょう（図11の従来手法の曲線）。すると、この方法では、推定期間では推定値と観測値がよく一致しているものの、将来の余震活動を予測することには失敗しています。このことは余震の予測において、私たちが行ったように、データの欠損を考慮するこ

図１２　本震直後の余震活動の短期予測：本震後３、６、１２、２４時間のデータから、それぞれその後の３、６、１２、２４時間の余震活動を予測する。

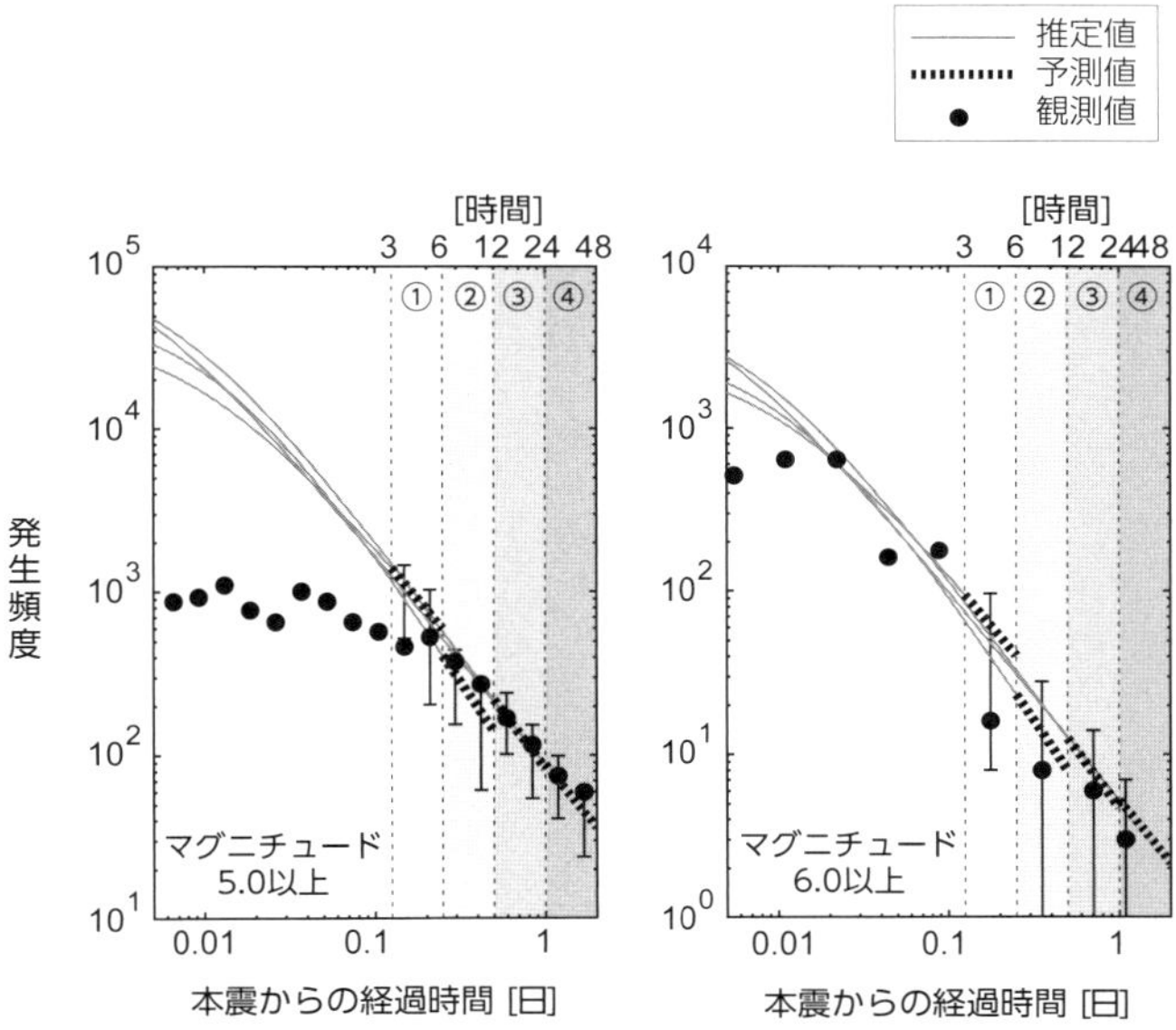

出典：文献[3]より改変

とが非常に重要であるということを示しています。

さらに私たちの方法では、より早い段階からの精度の高い予測が可能です（図12）。ここではまず、本震後それぞれ①3、②6、③12、④24時間の時点で、その後の①3、②6、③12、④24時間の余震活動の予測を行いました。それぞれ縦のバーは95％の確率で観測値が入る予測範囲を示しています。するとほとんどのケースにおいて観測値がこの予測範囲に入っている、つまり予測がうまくいっているということがわかります。

この結果は、特に本震後数時間の観測データというのは極めて不完全にもかかわらず、私たちの方法により本震の3時間後から精度の高い予測が可能であるということを示しています。これははじめに述べたように、東北沖地震の際に、本震の約2日後まで予測が発表されなかったことを考えると、非常に大きな進歩であると言えるでしょう。

まとめ

この章では、余震の予測の高精度化・迅速化に関する私たちの最近の研究について解説してきました。私たちは、初期の余震の多くが観測から漏れてしまうという問題に対して、数理モデルを駆使することで、実際にはどの程度の数の余震が起こっていたかを推定するための統計学的方法を開発しました。そして、この新しい技術が、高精度な予測を迅速に行う上でのキーポイントであり、東北沖地震の例では、予測をするのに約2日間かかったところを、私たちの新しい方法では3時間で可能になるという、大きな改善を得ることができました。このような不完全な観測データを補完するというような技術は、数理モデルを用いることが鍵となります。余震の予測と言う社会的に重要な問題の解決に対して、如何に数理モデルが重要な役割を演じ得るかということが、読者のみなさまに伝わればうれしく思います。

＊参考文献：
［1］ 地震調査研究推進本部、「地震がわかる！」（p.55 余震の見通し） http://www.jishin.go.jp/main/pamphlet/wakaru_shiryo2/wakaru_shiryo2.pdf
［2］ T. Utsu, Y. Ogata, and R. S. Matsu'ura (1995), The centenary of the Omori formula for a decay law of aftershock activity, *J. Phys. Earth*, 43, 1-33.
［3］ T. Omi, Y. Ogata, Y. Hirata, and K. Aihara (2013), Forecasting large aftershocks within one day after the main shock, *Scientific Reports*, 3, 2218.

＊謝辞：本章では気象庁及びアメリカ地質調査所提供の地震観測データが用いられています。また図２は参考文献［1］の、図６は参考文献［2］の、図10—12は参考文献［3］の図を改変して作成されました。これらのデータや図の使用を許可していただいたことを感謝いたします。

研究のポイント～編者から～

データセントリックな地震研究

2011年3月の東北地方太平洋沖地震には、我々も大きく動揺した。そして、数理工学的にどういう貢献が出来るのか真剣に考えた。特に、この震災で大きな衝撃を与えた地震、津波、原発は、いずれも複雑系の例であり、複雑系数理モデル学の真価が問われていると思った。

このような背景の中で、近江さんは余震予測研究に取り組み、数理モデリングとベイズ推定理論を組み合わせることによって、余震の迅速な高精度予測を実現するとして、大きなインパクトを与えた。

「では、本震の予測は可能ですか？」としばしば質問される。今ではよく知られているように、本震の予測は極めて難しい。そもそも原理的に可能なのか不可能なのか？、そのこと自体が厳しく問われている。

こういう複雑系の難問に取り組む時、一つの有効な方法論は、もしも良質なデータが大量に手に入る場合には、データそのものが何を語るかに耳を澄ませることである。これが地震に対するデータセントリックなアプローチである。我が国では、１９９７年以降、地震データ一元化により、日々良質な観測データが蓄積されつつある。この様なデータが古文書のタイムスケールに匹敵するくらい長期間に渡って蓄積されて本当の意味でのビッグデータとなれば、複雑系数理モデル学により、地震予測可能性に関して数理統計学的にはっきりと白黒つけることが出来る時が来るかもしれない。しかしながらその時が来るまでは、現在利用可能な不十分なデータを基に数理的手法を駆使して格闘を続けなければならない。

（合原一幸）

第4章

デジタルグリッドが実現する新しい電力の仕組み

阿部力也（東京大学大学院工学系研究科）

はじめに

電力は現代社会にとって最も重要なインフラであるといえます。私たちの生活において、ガスや水道、冷暖房も電気なしでは稼働しませんし、ひとたび停電が起きれば交通網や医療関連施設、通信設備など、様々なインフラもたちまち麻痺してしまいます。

２０１１年3月11日に発生した東日本大震災は、電気がこうしたライフラインそのものであることを改めて感じさせる契機となりました。

東日本大震災以後、原子力発電の安全性への不安などから、風力、波力、地熱、太陽光、バイオマスといった再生可能エネルギーの導入や、自立した分散型電源、電力供給の最適化を図るネットワーク型送電網「スマートグリッド」が注目されるようになりました。

これまでも「スマートグリッド」についての議論はありましたが、実際にこの概念がどのように研究・計画されているのかについては、よくわかっていない方が多いのではないかと思います。

詳しくは後述しますが、「スマートグリッド」とは、情報通信技術を活用し、再生可能エネルギーを含む新しい発電方法を組み合わせ、電力網の全体的な需要と供給の調整および効率化と最適化を行い、新しい電力網と再生可能なエネルギーの導入を推進していこうという仕組みです。

私は情報通信技術と電力の融合に関する研究を長く手掛けており、両方の分野の研究を横断的に行ってきました。

情報通信技術に関しては、ここ30年で私たちの身の回りは一変しました。30年前に黒電話からプッシュホンに替わった時はそれほど大きな変化とは感じませんでした。

しかし、昔は大型計算機センターでないとできなかったシミュレーションが、パソコンでできるようになり、インターネットにつながるようになると、さすがに変化が出てきました。携帯電話が弁当箱のような大きさで登場した時には、だれが使うのかと冷笑する向きもありましたが、いまやスマートフォン・タブレットといった新しいデバイスをみんなが使いこなす時代です。

使用するデバイスの変化だけではなく、それを使った我々の消費生活も一変しました。アマゾンや楽天に代表されるネットでの購買、フェイスブックやツイッターによる大衆政治活動、ブログやユーチューブなどを通じた執筆活動・音楽活動の大衆化など、これからも大きな変化が起こっていくことでしょう。

これらの変化の技術的な背景には、情報のデジタル化があります。デジタルデータ処理、圧縮、伝送、ルーティング、ストレージ、無線伝送など様々な分野での技術進歩が起こり、これらを可能にしました。

デジタルプロセッサの分野では、「ムーアの法則」[※1]で知られているように、2年で容量2倍、価格2分の1というような変化が続いています。

一方、電力の世界は情報通信と比べて、どのような状況なのでしょう?

電力供給の分野は、従来のアナログ技術の延長上にあるといえます。これはこれで効率的で連続的な進化を遂げてきました。

しかし、電力の世界にもデジタル化の波が押し寄せてきつつあります。エアコンの中のインバーターは、電力をデジタル変化させ、モーターの回転数を制御して快適な空調を提供してくれます。太陽光発電で生まれた直流電力はデジタル変換され、電力系統に自然エネルギーを供給します。電気自動車は蓄電池のパワーをデジタル変換してタイヤの回転数を変化させます。

電力のデジタル化により、クリステンセンの言う「破壊的なイノベーション[※2]」が起こると私は考えています。これは、世界的な電力需要の増大、地球規模の気候変動、化石燃料資源枯渇、貧困問題といった全世界的な課題の解決につながる可能性を秘めていると思います。

電力と情報が融合したデジタルインフラの登場は我々の生活を一変させるでしょう。私は、これらのデジタル電力インフラの基礎デバイスであるデジタルグリッドルータを開発し、新しい電力融通システムを通じた自然エネルギー大量導入型自立分散型電力系統とそれらがもたらす社会経済学的効果について研究を行っています。

※1　1965年にゴードン・ムーア博士が提唱した、コンピューター製造業界における、経験則に基づいた長期傾向に対する将来予測。

※2　クレイトン・クリステンセンが、その著作『イノベーションのジレンマ』（The Innovator's Dilemma,1997）で巨大企業が新興企業を前にして失速する理由を論じて提唱した企業経営の理論。

エネルギー需要の増加と再生可能エネルギー導入の課題

エネルギー消費は、人口増加と連動しています。世界の人口の伸びに伴って、1次エネルギー消費量も急速に増加しています。図1を見ると1950年代以降、化石燃料の消費が飛躍的に増加していることがわかります。

しかし供給力について考えると、化石燃料は有限であり持続可能な資源ではありません。一方、太陽光発電には世界の1次エネルギー消費量を賄えるほどの十分な量があります。

1年間に世界で消費される1次エネルギー消費量は約500EJ（EJはエネルギーの単位で、1EJは10の18乗ジュール）であるのに対して、1年間の世界の太陽光発電資源量は約11700EJ（10％の発電効率で、大陸の3％の土地に発電施設を設置したと仮定した場合）と見積もることができます（図2）。

省エネルギー技術の向上などで節電に努めることは重要ですが、それだけでは今後も増大するであろう、エネルギー消費量にとても対応しきれるものではありませ

図1　エネルギー消費は人口増加と連動

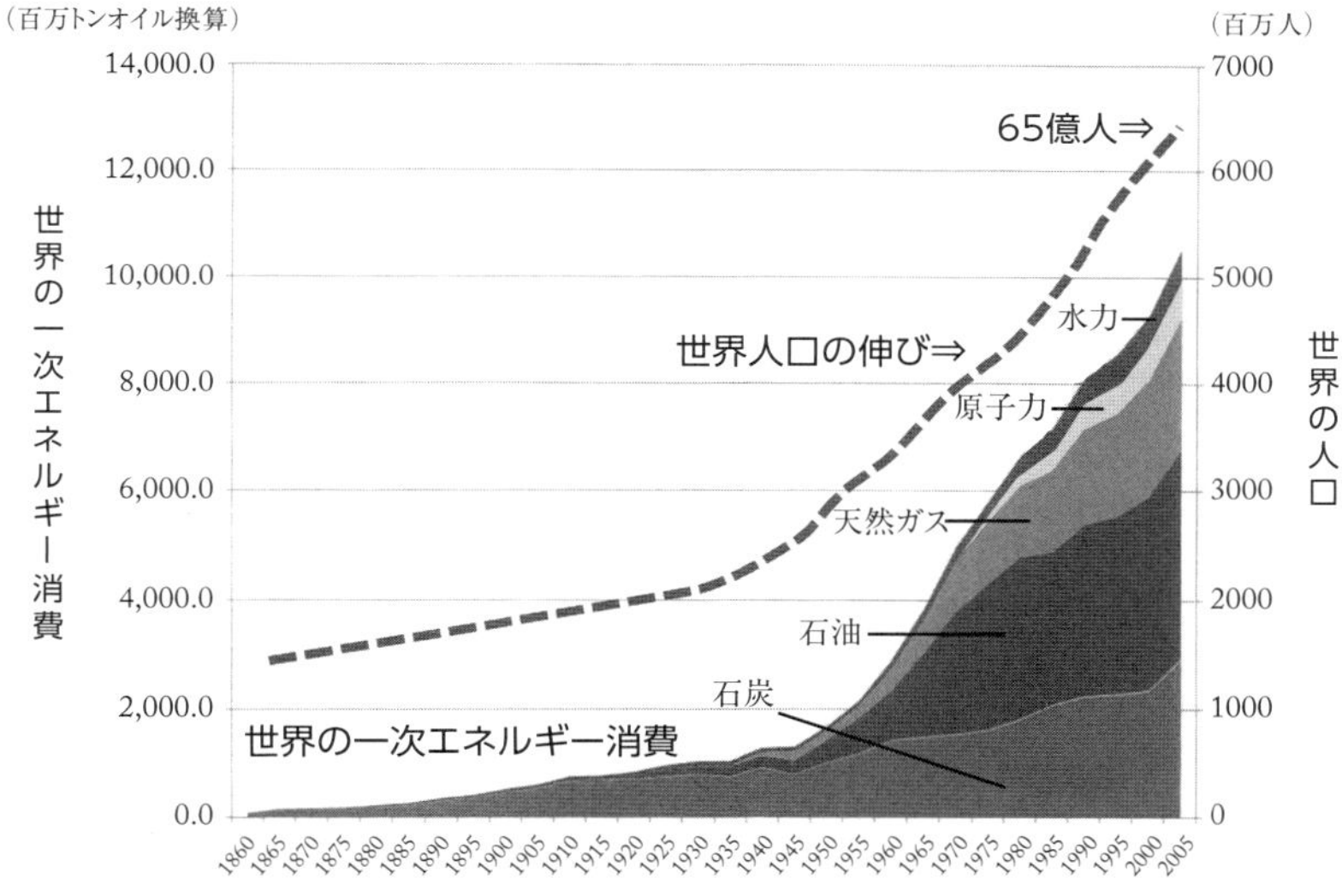

出典：Primary Energy：BP, Population：IEA, © Digital Grid Consortium　より作成

図2　エネルギー供給力と消費

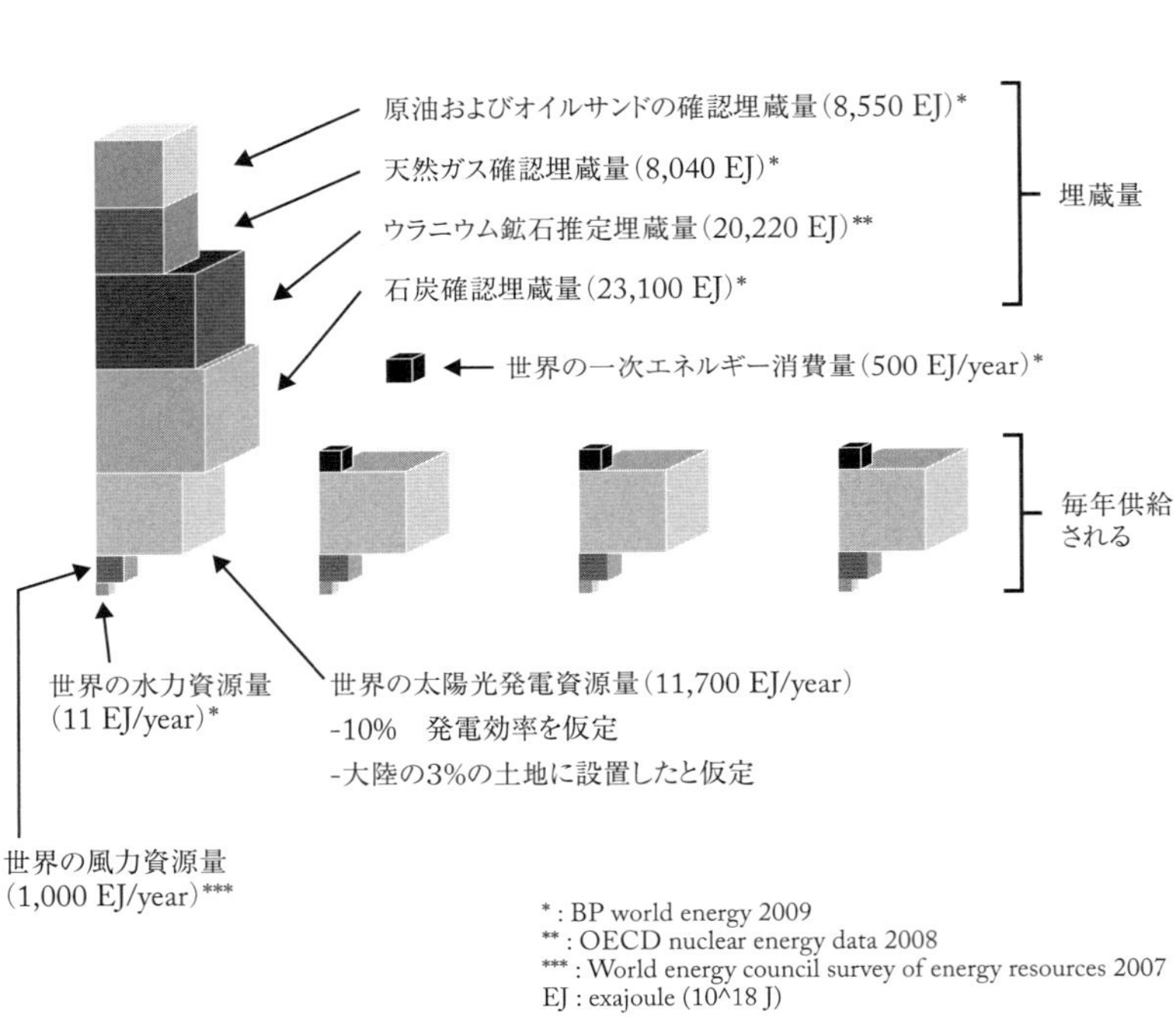

* : BP world energy 2009
** : OECD nuclear energy data 2008
*** : World energy council survey of energy resources 2007
EJ : exajoule (10^18 J)

ん。
その点、太陽光発電資源は有効なエネルギー消費増大対策として考えられます。実際、従来の電力会社による発電以外に、太陽光発電や風力発電などに代表される再生可能エネルギーの導入が急増しています。

政府は、数年前には太陽光発電について2020年に2800万kW、2030年には5300万kWの導入目標を掲げていました。その一方では、現在の電力供給系統のままでは、一定規模の出力抑制施策を採用しても、2020年時点では1300万kW程度の導入しかできないだろうという報告もありました[※3]。これは、太陽光発電が供給される際に起きる逆潮流という現象によって、発電設備の設置者側から電力事業者の電力系統に電力が向かい、系統の電圧が上昇してしまうなどいくつかの避けがたい制約要因があるからです。

したがって、このような目標は遠い先の話と思われていましたが、2012年度に導入した再生可能エネルギー固定価格買取制度（Feed in tariff：FIT）の効果に

※3　経済産業省「低炭素電力供給システムに関する研究会報告書（3）」2009

より、2014年度にはすでに認定ベースで7000万kWを超えてしまいました。2020年断面目標を6年も前倒しし、その3倍近くを達成してしまったのです。一方で様々な制約要因から実際に運転開始できたのは500万kW程度と報告されています。制約の問題が浮上してくるのも遠い先の話と考えていましたが、すでに目の前の問題になってきたわけです。

これらの解決には、数学的手法が極めて重要な役割を果たしていきます。以下に詳しく述べていきたいと思います。

太陽光発電や風力発電など再生可能エネルギーを多量に、かつ安定的に導入するためには、大きく分けて2つの課題があります。1つ目の課題は現在の電力系統の電気的制約にかかわる課題であり、もう1つの課題はネットワーク使用に関わるビジネス的課題です。

課題1：電力系統の電気的制約について

1つ目の課題についてみていきましょう。

現在の電力系統は、大規模集中電源―長距離送変電―配電モデル（Generation-

Transmission-Distribution：G－T－D）に基づいています。

この電力系統は変動要素の大きい再生可能エネルギーを大量に受け入れることが、技術的に困難です。

まず電力の置かれている状況を概観します。

電力会社が電力を供給するための基幹電力網は、巨大な同期電力系統です。使われている発電機は、同期発電機というものです。同期発電機とは、その中の回転子の磁界の位相がすべての発電機において同期しているということです。すなわち、1秒間に50回とか60回とかプラスマイナスが反転する交流において、系統内のどこで調べてもこの変化が同期しているということです。発電所から需要者（消費者）まで、すなわち発電機から大小様々な事業所や各家庭の1つひとつのコンセントに到達するまで、変電所などを経由しながら、どこでも同期している仕組みです。さらに電力は発生地点から目的地に向かって一方向に流れていくだけの仕組みです。

かつては電話網も発信元から受信元まで、交換機を通じて電気的に直接接続されていました。日本全国津々浦々までこのような仕組みでつながっているのは非常に効率的でした。ところが、電話は、みるみるうちにアナログからデジタル化されて、グローバルなネットワーク、すなわちインターネット網が張り巡らされるようになっていきました。そこには暗号化、高速化などを含めて極めて精緻な手法が用いられており、その基盤として数学が非常に重要な役割を果たしています。例えば情報の量を何ギガバイトとかいうのを聞いたことがあると思います。これは音楽や映像、文字など様々な情報を1と0で表すようデジタル処理した時の量を表しています。こうすることによって、伝送量や速度などを計算して情報通信網や記録媒体の容量を設計したりできるようになります。データ量の圧縮などにも数学の力が発揮されています。

さらに金融系などの分野も、デジタル化の波で大きく変貌を遂げました。金融では保険商品の設計や先物取引・オプションの設計などあらゆるところに確率論をベースにしたいわゆる金融工学が駆使されています。金融ビッグバンといわれるような経済発展も数学的な処理を抜きにしては実現できませんでした。

電力についても、デジタル技術が導入されれば、こうした複雑なネットワーク化を実現できるようになり、そうなれば数学の出番はますます増えることになると思われます。

しかし、現状の電力システムは、まだまだアナログの世界で、以下に述べるような状況にあります。

電力はいついかなる瞬間においても、発電・供給とその消費・需要が同じ量になる、いわゆる「同時同量」であることが原則です。自動車のスピードと道路の勾配の関係のように、自動車が坂を上るとき（負荷がかかる）、アクセルを踏み込んでスピード（エンジンの回転数）を一定に保ちますね。電力系統でも消費が増えると、発電所のタービン発電機に蒸気をたくさん吹き込んで周波数（発電機の回転数）を一定に保とうとするのです。

電力が今この瞬間にどこでどのように、どのくらいの量が工場やビル、家庭で消費されているのかについては、世界中どの国でも測定されていません。それにもかかわらず、なぜ発電・供給と消費・需要のバランスを取ることができているのかというと、周波数を常時監視しているからです。同系統の電気の周波数は、ただ1つの値しか取らないので、周波数の変動（周波数変化率）を監視していれば、電力供給に過不足がないかを判定することができます。

従ってその変動に応じて、発電機の出力を増減させたり、発電機を追加で稼働さ

図3　同期電力系統とは

発電を Pm、需要を Pe とすると、その差にアンバランスが生じた場合、周波数に変化 $\frac{df}{dt}$ が起こる。

$$M \cdot \frac{df}{dt} = P_m - P_e$$

M：系統定数

$\frac{df}{dt}$：周波数変化率

P_m：発電

P_e：需要

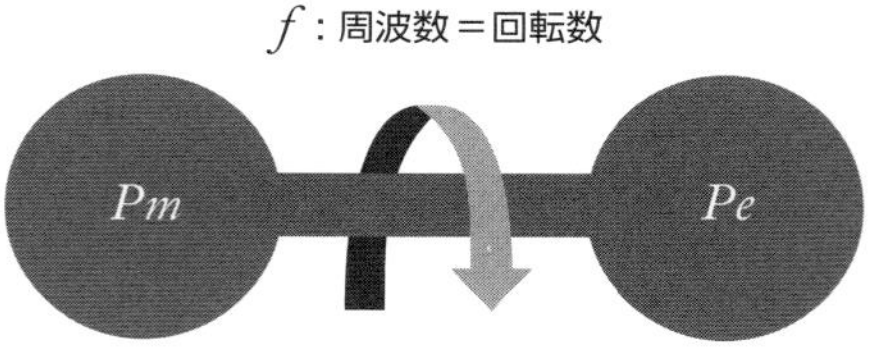

せたり、逆に停止させたりして調整を図っているのです（図3）。

こうして電力会社は電力の過不足を検出し、発電と需要が一定の範囲内で推移するようにしているので、周波数を一定に保つことができるわけです。

それゆえに、この同期電力系統に変動の激しい再生可能エネルギーが大量に導入されると、発電・供給と消費・需要のバランスを中央管理できなくなります。例えば太陽光は毎日晴天が続くとは限りませんし、日照時間にも依存します。風力も常時一定の強さの風量が得られるわけで

図4　太陽光・風力発電の出力変動

太陽光発電や風力発電は、天候や自然条件の影響を受けやすい。
発電出力が大きく変動し、またその変動の予測は困難。

太陽光発電の出力変動（春季）

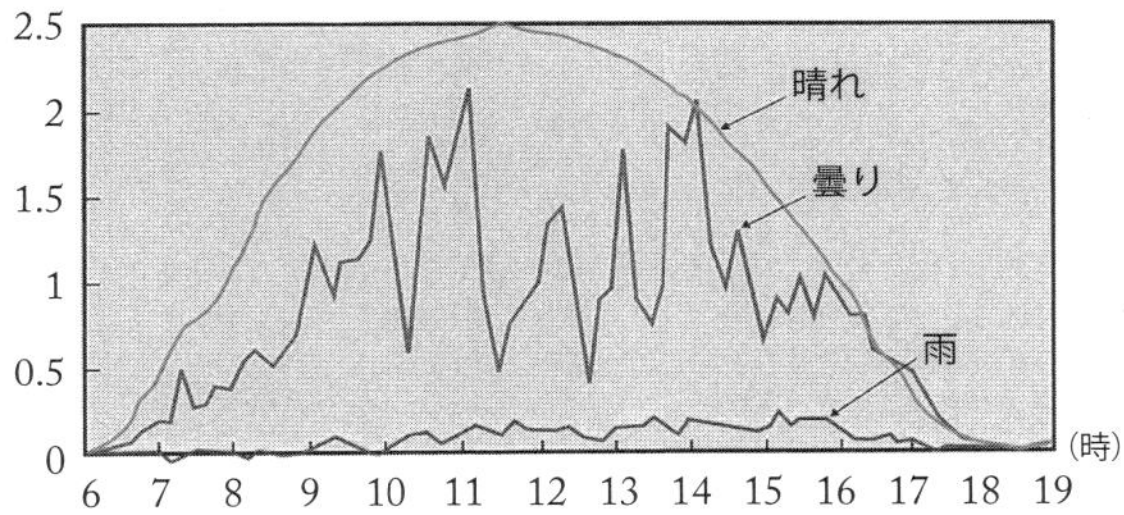

容量3.2kW、北緯34.4度、東経132.4度、方位角0（真南）、傾斜角30度の場合

太陽光発電は
時間と天気で
発電量が変わる

風力発電の出力変動（冬季）

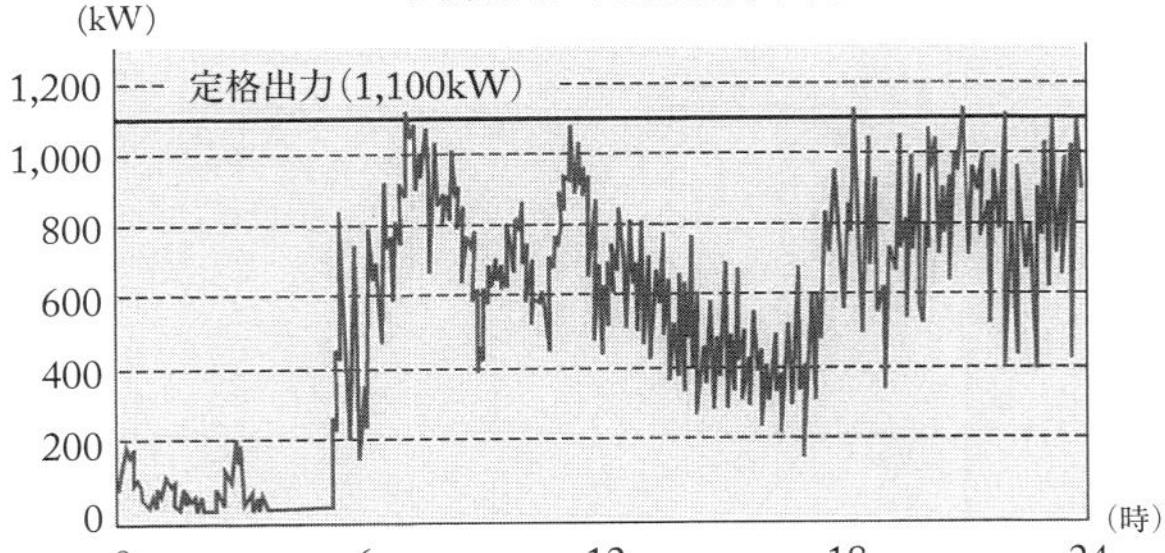

風力発電は
風の強さで
発電量が変わる

出典：電気事業連合会資料をもとに作成

はありません（図４）。変動が激しく発電が短時間に急変する要素があるために、周波数が安定しなくなって調整が困難になり、大停電の引き金となるリスクもあります。

数学的にみると電力系統における電力の流れ（電力潮流といいます）は、電圧の２乗に比例する非線形システムであるといえます。また、電力を消費する機器（電力負荷または電力需要といいます）は、モーターであったり、照明であったり、と様々な特性を持ったものになります。しかも電気的にはすべてつながっており、広範な範囲にわたって複雑な挙動を示します。

例えば、Ａ、Ｂ、Ｃの３つの系統がつながっている場合、母線電圧を $\dot{V}a$、$\dot{V}b$、$\dot{V}c$ とすると、それぞれの母線電圧は図５の(1)式のように表されます。

系統Ａと系統Ｂの間に流れる電力 Pab は、母線電圧 $\dot{V}a$ とそこを流れる電流（$\dot{V}a-\dot{V}b)/iXab$ の積になります。すなわち、(2)式の表現になります。ここで、$iXab$ は系統ＡＢ間の線路インピーダンス（電流の流れにくさを表す。電圧と電流の比）です。i は虚数を表します。ω は周波数角速度です。

同様に、系統ＢＣ間を流れる電力と系統ＣＡ間を流れる電力はそれぞれ(3)、(4)式

図5　数学的にみた従来の電力系統に置ける電力の流れ

同期系統では、接続している他の系統に影響を与えずに独立に電力をコントロールする事は出来ない。

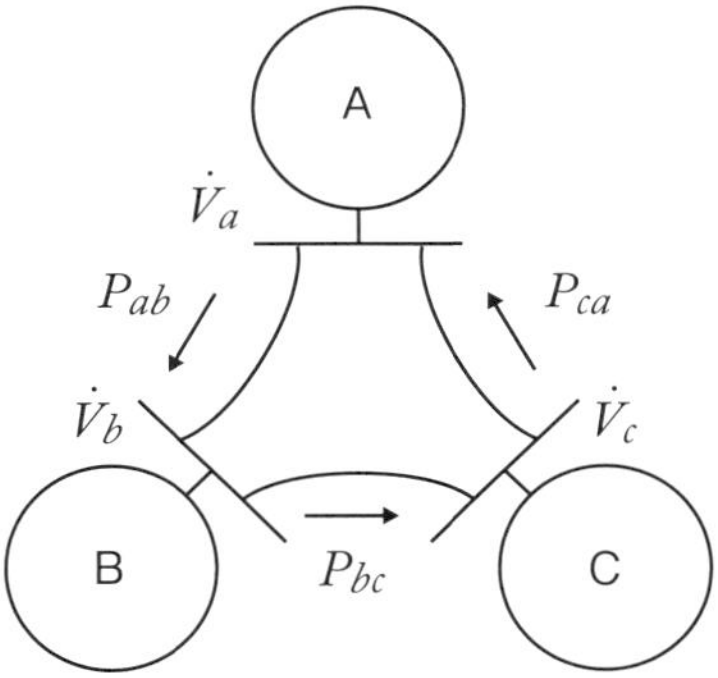

$$\dot{V}a = Va \cdot e^{-i(\omega t+\theta a)}, \dot{V}b = Vb \cdot e^{-i(\omega t+\theta b)}, \dot{V}c = Vc \cdot e^{-i(\omega t+\theta c)} \qquad (1)$$

$$P_{ab} = Va \cdot e^{-(i\omega t+\theta a)} \cdot (Va \cdot e^{-(i\omega t+\theta a)} - Vb \cdot e^{-(i\omega t+\theta b)})/iXab \qquad (2)$$

$$P_{bc} = Vb \cdot e^{-(i\omega t+\theta b)} \cdot (Vb \cdot e^{-(i\omega t+\theta b)} - Vc \cdot e^{-(i\omega t+\theta c)})/iXbc \qquad (3)$$

$$P_{ca} = Vc \cdot e^{-(i\omega t+\theta c)} \cdot (Vc \cdot e^{-(i\omega t+\theta c)} - Va \cdot e^{-(i\omega t+\theta a)})/iXca \qquad (4)$$

で表されます。

Pabを増やすには、電圧の大きさVaを変えるか電圧位相θaを変えることになります。しかし、そのいずれもPcaの大きさにまで影響を与えてしまいますし、系統Bの電圧の大きさVbか、電圧位相θbを変える方法ではPbcにも影響を与えることになります。

このように同期系統では、接続している他の系統に影響を与えずに独立に電力をコントロールすることはできません。

系統内のどこか1カ所で、短絡事故や落雷などの電気的動揺（発電機の回転速度が一定でなくなり、増減しはじめる不安定な振動状態）が発生すると、それは全系統に波及し、動揺が収まるまでに時間がかかります。場合によっては、共振が発生して、動揺が拡大していき、これに耐えきれない発電機が遮断され、系統の周波数や電圧を維持することが困難になってしまいます。

米国、欧州、ブラジル、インド、中国などでは、電気的につながっている範囲が数千kmにもおよびます。これだけの距離があると、一旦複雑な挙動が始まりだすと制御不能に陥ります。これは連鎖型の大停電を引き起こします。

海外では実際にこうした大停電事故が起こっています。2003年に北アメリカで起こった大停電事故をご記憶の方もいるでしょう。最近では2012年7月にインドで2日続けて大停電事故が発生し、およそ6億人に影響が出たとみられています。実は日本の首都圏でも1987年、1999年、2006年と大きな停電が起きているのです。

このように従来型のG - T - Dモデルでは、大量の再生可能エネルギーに対応できないのです。新しいモデルが必要になります。

課題2：ネットワーク使用にかかわるビジネス的課題

もう1つの課題が、電力を取り巻く市場構造です。現在の電力事業の経営モデルでは、再生可能エネルギーの特性である分散型の電力事業者が活躍しにくい構造になっています。従来の電力経営は、電力会社による地域独占のもとで総括原価方式による供給と、電力系統の同時同量の制約のもとでの需要に対して、計画経済的な価格形成が行われてきました。

総括原価方式というのは、電力やガス、水道などのインフラ産業において世界的に採用されている料金算出手法です。かかった原価分に一定の利益をのせて消費量で割ったものを料金とする方式です。政府の認可で価格が決定し、利益も少ないのですが、対象事業者は法律で保護され、独占事業の形に近づきます。

インフラ産業は長い間この方式でうまく機能してきました。しかし、インフラ充実が一段落すると、独占による弊害も目立ち始め、世界各国で自由市場型の電力経営への移行が試されるようになりました。日本でも2013年11月に改正電気事業法が成立し、この方向に舵を切り始めたところです。

しかし、電力システムで市場経済を実現しようとすると、複雑系としての電力潮流挙動が制約要因になります。制御可能な電源である火力や原子力が中心でも複雑なのに、制御不可能な太陽光や風力発電が大量に導入されるとますます複雑さを増してしまいます。

そのため、世界の自由電力取引市場では、まだ大口の電力供給者と系統事業者間の取引しかできません。小口の発電事業者や配電事業者などの事業参加者が増えてくると、現状の仕組みではいずれ限界に達すると思われます。

特に問題なのは、現在の電力システムに貯蔵の仕組みが十分には備わっていない

図6　市場経済における社会余剰の創出

少量かつ多品種の電力を識別し、ビッグデータ処理をコンピュータで可能にする。
膨大な数の事業参入者によって市場経済が均衡価格を形成するので、社会余剰により技術開発投資を促すことが可能になる。

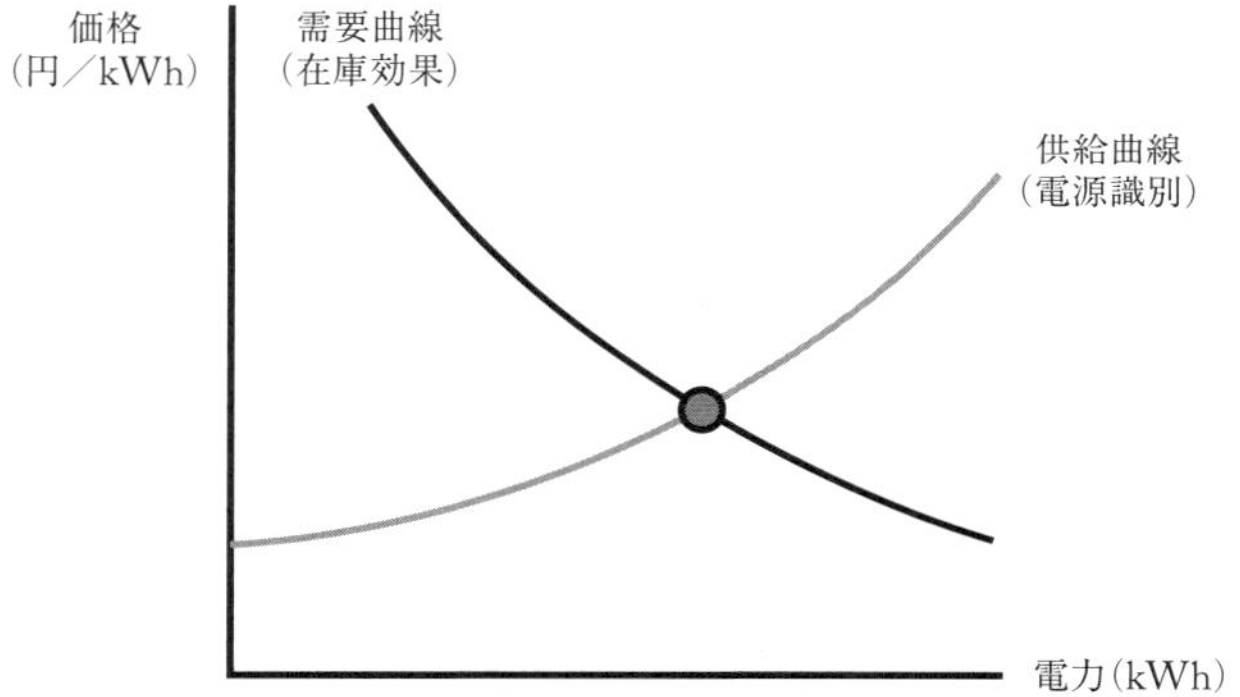

ことです。いわゆる倉庫機能がない市場は、鮮魚市場と同様に値段が乱高下します。値段が安い時にはたくさん買って貯蔵しておくというようなことができません。

経済学的には、縦軸に電力価格を取り、横軸に取引される電力の大きさを取った場合、貯蔵機能があれば、値段が高いときには需要が少なく、安いときには需要が増える右肩下がりの需要曲線が描けます。また電源が識別できれば価格の区別が生まれるので、右肩上がりの供給曲

図7　計画経済における電力価格(総括原価方式)

供給側は、総括原価のみとなり、需要変化に対する価格変化がない。

また、需要側も必要であれば使用するため、価格変化に対する需要調整が働かない。よって、市場原理が働きにくい。

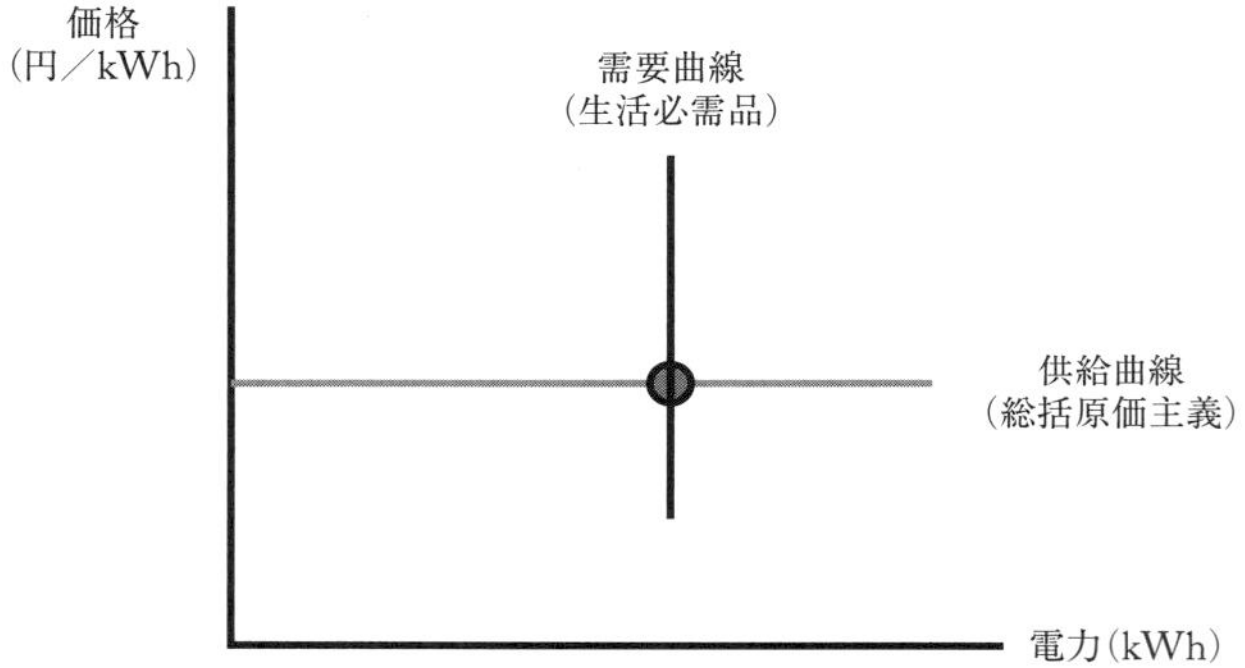

線が描けます（図6）。しかし、現状の電力システムには貯蔵機能も識別機能もありません。したがって供給曲線は水平になり需要曲線は垂直になります（図7）。このことは自由市場経済の基礎的な価格形成メカニズムが働かないことを意味しており、均衡価格が生み出す社会余剰も生まれなければ、社会余剰が生み出す技術開発投資の源泉も生み出さないことになります。

すなわちイノベーションの起こる原資が生まれなかったわけです。

スマートグリッド構想

こうした問題を解決するために「スマートグリッド」という新しい電力網で対応する方法が議論されてきました。スマートグリッドとは、もともとアメリカの電力事業者によって考案されたものです。先述したように、従来の送電網は発電所から一方向に電力を送り出しています。そもそも発電設備はその電力需要のピークに合わせて作られており、それ以外の期間や時間帯では利用率が低下することによって設備コストの上昇につながるなど、デメリットが発生することになります。また送電網自体が自然災害に対して脆弱であり、その復旧には時間がかかるというリスクもあります。これらを解決する方策として考えられたのが、電力系統にさまざまなセンサーやメータを導入し状態を計測して、電力の流れを制御して最適化しようという〝賢い送電網〟、スマートグリッドです。

このシステムのもとでは、電力需要のピーク（負荷）を需要家側で平準化することによって発電設備を効率的に稼動させることができ、再生可能エネルギーの導入や大規模停電のリスク軽減にも寄与します。また、デジタル通信機能を備えた電力量計、スマートメーターを事業所や家庭に設置することによって、電力会社と需要者の間で、電力の消費量をリアルタイムに近い形で遠方から自動的に把握し、効率的な電力系統運用を図ることができ、インフラ整備と都市開発を一体化して進捗させ、地域に応じて電力供給を制御することが可能になります（図8）。

東日本大震災発生後、関東地方では各地で計画停電が実施されました。このような非常時の場合、スマートメーターが運用されていれば、例えば交通信号機や病院など特定の機関を除外することも可能になりますし、節電の制御を自動的に行って停電を回避することもできます。

図8　スマートグリッドインフラのイメージ図

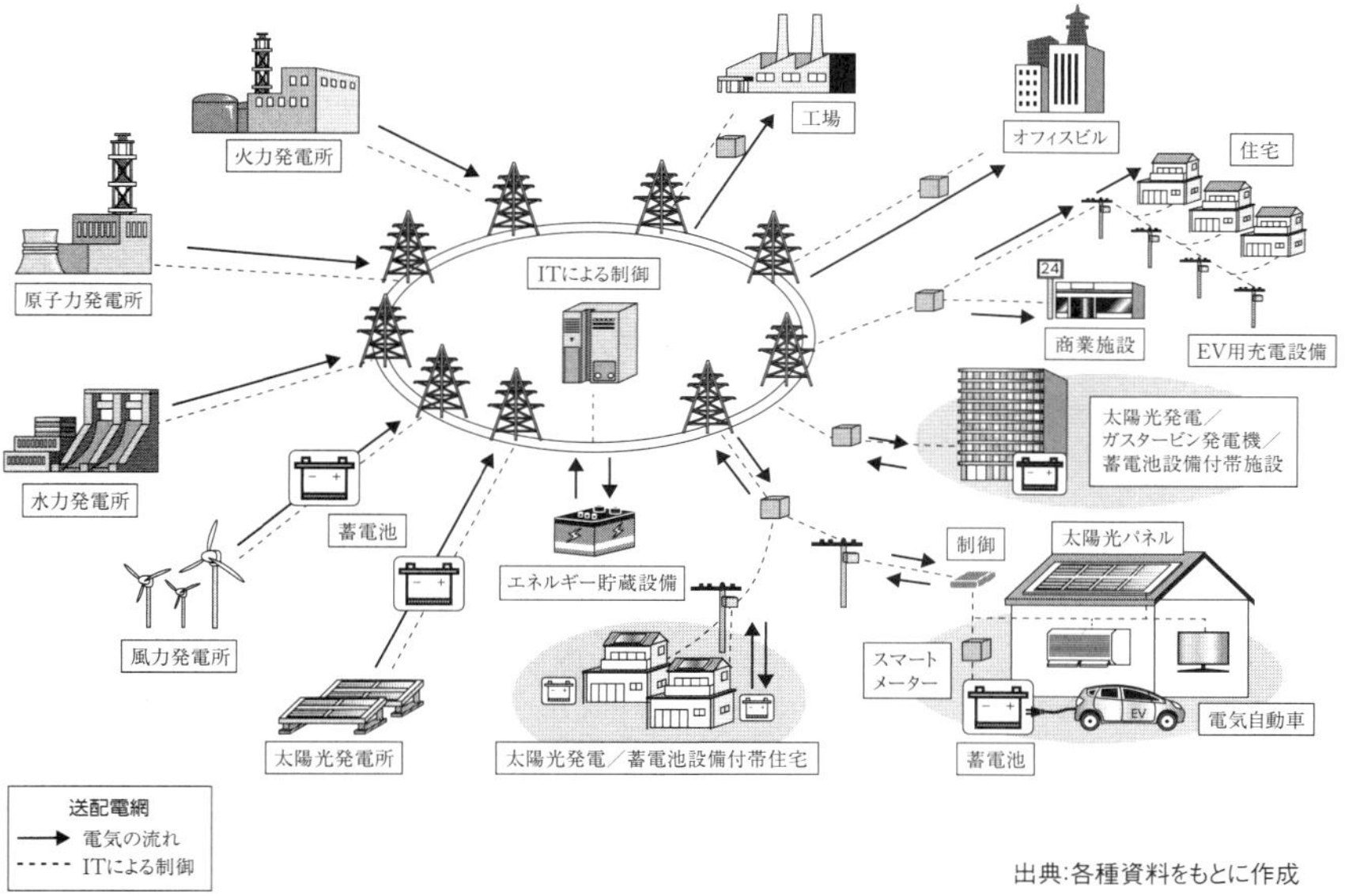

出典:各種資料をもとに作成

また、このスマートメーターを使って料金を知らせることにより、需要者側の消費を調整し、それによって需要と供給のバランスを保とうという考えが生まれています。これをデマンドサイドマネジメントといいます。

しかし、電力を生み出す同期発電機の制御は、周波数変動を観測して行っており、同一周波数系統内では、需要と供給のアンバランスによる周波数変化は瞬時に送電線上を伝搬しますので極めて高速です。上述のようなデマンドサイドマネジメントのスピードはとても遅く、巨大な電力系統全体の需給バランスを取るのは大変難しいと言えます。

そのために、再生可能エネルギーの導入が日本よりはるかに加速している欧州諸国では、電力系統の各部分をセルグリッド（分散同期電力系統、以下セル）化して、各々のセル内での需要と供給のバランスを分散制御するような方法も提案されています。

また、新興国や開発途上国では、電力系統ができていなかったり、分散していたりするので、電力網を延伸していくより、セルごとに電力供給を開始するほうが早いのではないかと考えられます。電源としても、化石燃料の調達をすることは困難になると予測されるため、再生可能エネルギーの導入を最初から行うほうが現実的と考えられます。

けれどもこのようにして各々のセルが独自に電力系統を作ると、その周波数および電圧の位相と大きさはまちまちになります。こうなってしまうと、セル同士を同期させることは困難になるという問題が発生します。

しかし、実は解決策があるのです。ご存知のように、電力系統の周波数は、東日本側では1秒間に50Hz、西日本側では60Hzです。東日本大震災で起きた福島第一原子力発電所の事故後、東日本では大規模な停電が発生しましたが、西日本地域では起きませんでした。それはこの周波数の違いにあり、周波数変換所で電気的には互いに接続されていても、それぞれが自立した系統になっており、同期していないからです。

つまり東日本と西日本はそれぞれ大きなセルになっていて、非同期接続されていると考えることができます。

そこで、この考え方をさらに進化させ、これまで述べてきた2つの課題を同時に解決するために我々が考案したのが、次に紹介するデジタルグリッドの概念です。

情報系・勘定系・電力系を組み合わせたデジタルグリッド

デジタルグリッドのコンセプトは次の２つの特長があります。

第１の特長は、アナログ交流の電力をデジタル化するというものです。電力をデジタル化すれば、電力流通に関してこれまでにない柔軟なコントロールができるようになります。例えば電力を発電源ごとに識別し、発電した場所やその種類がわかるようになり、電力を情報通信と同じように流通させることが可能になります。

第２の特長は、従来の巨大な同期送配電システムを、基幹送電線と複数の電力系統（セル）に分離して、その間を非同期接続して電力を互いに融通し合うことができるというものです。この両方を実現するものが、デジタルグリッドルータです。

これを、数式を使って解説します（図９）。例えば、Ａ、Ｂ、Ｃの３つの系統がデジタルグリッドルータを介してつながっている場合、系統Ａから系統Ｂに接続するルータの端子電圧を $\dot{V}a1$、系統Ｃに接続するルータの端子電圧を $\dot{V}a2$、系統Ｂから系統Ｃに接続するルータの端子電圧を $\dot{V}c1$ とすると、電圧は図５の(1)式の３つの母線電圧に加えて、新たに3つの独立した電圧ベクトルを作ることができます。系統Aと系統Bの間に流れる電力Pabは、ルータ端子1の電圧$\dot{V}a1$とそこを流れる電流の積で、$\dot{V}a1 \cdot (\dot{V}a1 - \dot{V}b)/iXab$になります。

同様に、系統BC間を流れる電力Pbcは、系統Cに設置したルータの端子電圧$\dot{V}c1$と系統BC間を流れる電流の積で、$\dot{V}c1 \cdot (\dot{V}c1 - \dot{V}b)\ /iXbc$になります。

同様に、系統CA間を流れる電力Pcaは、系統Aに設置したルータの端子電圧$\dot{V}a2$と系統CA間を流れる電流の積で、$\dot{V}c \cdot (\dot{V}c - \dot{V}a2)\ /iXca$になります。

ルータ端子電圧や位相は自在に作れるので、PabとPbcとPcaはそれぞれ独立に制御できることになります。

このようにデジタルグリッドでは、接続している他の系統に影響を与えずに独立に電力をコントロールすることができるようになります。

系統内のどこか1カ所で、短絡事故や落雷などにより、電圧や周波数の所定値からのずれが始まり、それが拡大していく「電気的動揺」が発生しても、その影響はセルの手前までとどまり、全系統に波及することはありません。しかし現在のようにルータのない電力系統では、動揺が拡大していき、その動揺に耐えきれない発

図9　非同期分散型の電力系統の概念図

従来の電力系統を複数の非同期分散の電力系統（セル）に分離すると、互いに電力を融通し合うことができる。

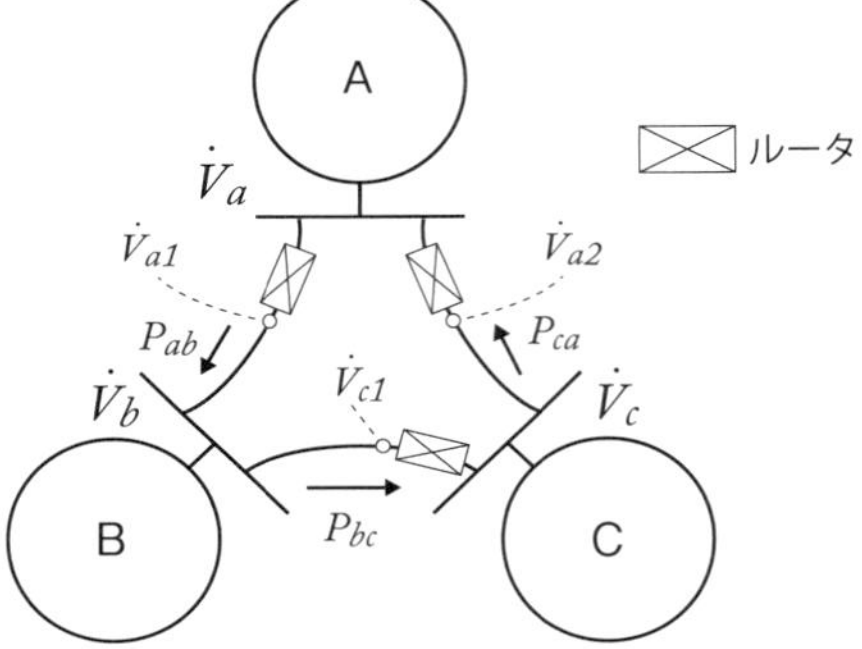

電機が遮断され、系統の周波数や電圧を維持することが困難になってしまいます。このように、ルータは、電気的動揺を途中で遮断する効果も兼ね備えています。

各セルに発電と需要に加えて貯蔵の機能を持たせることにより、各々のセルは自立して独立性が高くなります。そして、各セルの間に「デジタルグリッドルータ」という多端子型電力変換装置を設置することによって柔軟に結び付けます（図9）。これにより有効電力を融通し合い、かつ無効電力も供給できるようになります。そのルータを制御する情報系とも一体化させること

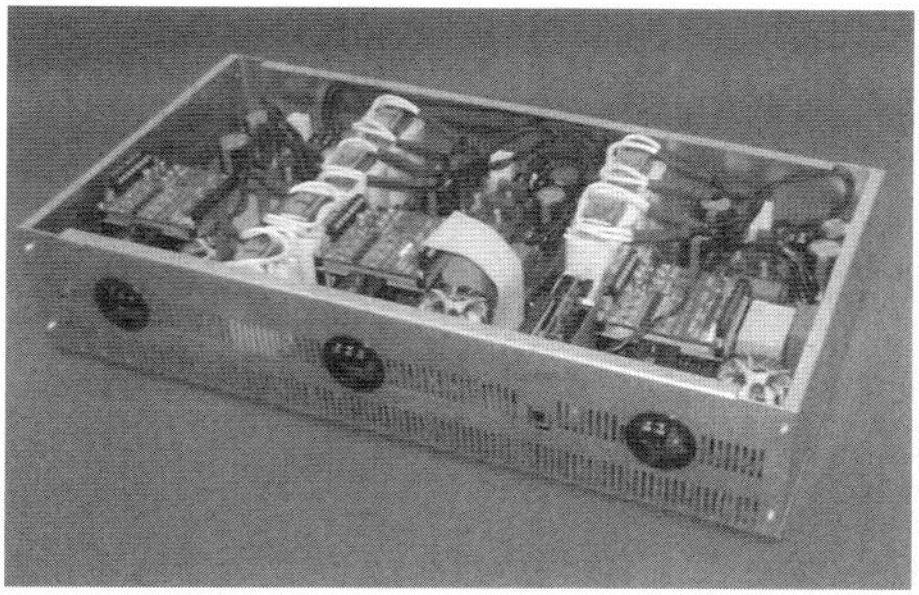

写真１

によって、勘定系（課金システム）とも統合させます。

電力系、情報系、勘定系の３つを組み合わせたシステムが、インターネット網のように情報をやり取りする、というのがデジタルグリッドの構想です。電力の本質的な課題であった〝時間による制約〟をなくし、〝電力を識別〟し、電力の大きさを自在に分割させることができます。一極集中型の電力供給から、〝分散自立型供給〟へ移行させる、これまでにない新しい電力供給のシステムであることがわかるでしょう。

これまで情報系と勘定系はデジタル化が大きく進んでいるのに対して、電力系だけがアナログのままで遅れていました。

我々は電力のデジタル化を実現させる象徴的な装置として、情報系で用いられるルータを参考にして、電力制御ネットワークの窓口となる電力変換装置「デジタルグリッドルータ」を開発しました（写真1）。

情報系では、情報を目的地に送り届けるために、目的地や経由地にIPアドレスを付け、ルータという装置で行先を振り分けます。電力系でも同様に、発電元の電源や経由地、目的地にIPアドレスを付け、デジタルグリッドルータで電力を振り分けることが可能になります。

「デジタルグリッドルータ」にはコンピューターが内蔵され、IPアドレスを付与します。そのルーティング（ネットワーク上で最適な通信経路を選択して送信する機能）によって、先述した電力のやり取りや、電力の識別情報などのデータ記録を管理・蓄積することが可能になります。これらの電力情報を活用して、勘定系とも連携させるのです。

「デジタルグリッドルータ」には、交流電力（AC）と直流電力（DC）を相互に変換できるコンバーター（双方向コンバーターといいます）が複数内蔵されます。これらのコンバーターは直流側を共通に接続して、交流側を外部接続端子とします。

外部接続端子間で、ＡＣ／ＤＣ／ＡＣの電力変換が実行されます。この電力変換は、連続的な電力（アナログ電力）を1秒間に2万回（20ｋHz）から10万回（１００ｋHz）の周期で「入り」・「切り」します。各周期で「入り」時間を増減します。「入り」の時間をオン時間、残りの「切り」の時間をオフ時間といいます。例えば、20ｋHzの場合は1周期が50マイクロ秒になりますが、その間でオン時間を望む波形の値に合わせて増加・減少していくことをパルス幅変調（Pulse Width Modulation）といいます。このようにして作成された断続的な電力をここではデジタル電力と呼んでいます。望む波形の値をデジタルデータで与えることで、すべてをデジタル化できます。デジタル化された電力は、リアクトルやコンデンサーという電力を平滑化する部品により再度連続的なアナログ電力に再変換することができます。

このコンバーターの外部端子に接続されたセル同士は、電気的には接続しているものの一旦交流から直流になり再度交流に再変換されているため、周波数や電圧および位相といった情報が消えています。これを同期が切り離される（非同期接続となる）といいます。このため、前述した非線形な挙動はなくなり、線形な電力システムに変換されます。

各々のセルでは、独立した周波数や位相や電圧で運用され、フレキシブルな電力供給が可能となります。

この機能を使えば、電力の貯蔵や発電能力を持たせて自立化させた中小規模の「セル型電力供給システム」を、従来型の基幹電力供給系統に非同期的に接続することができます。中小規模とは、家庭や商業設備、ビルや学校、団地などの単位です。従来型の基幹系統を電力ハイウェーとみなして、中小セルをルータで「非同期」に接続して、外部からの指令によって複数のルータを同時に動作させると、任意のセルから目的のセルに対して必要な電力量を融通させることができるようになります（図10）。

こうしたことから、電力系統のある場所で事故や災害によって電力供給に問題が発生しても、別の系統からすぐに電力を供給することができ、強く安定した電力インフラを構築することができます。

従来の電力系統では、需要と供給の均衡を図り、同期を維持するための電力潮流が大きさや方向を変化させながら系統内を常に往来するシステムであるため、大量の再生可能エネルギーがそこに接続されると、既存の電力潮流に大きな変動を生じ

図10　技術的課題の解決

デジタルグリッドの導入により停電連鎖を防ぎ、分散管理が可能になる。

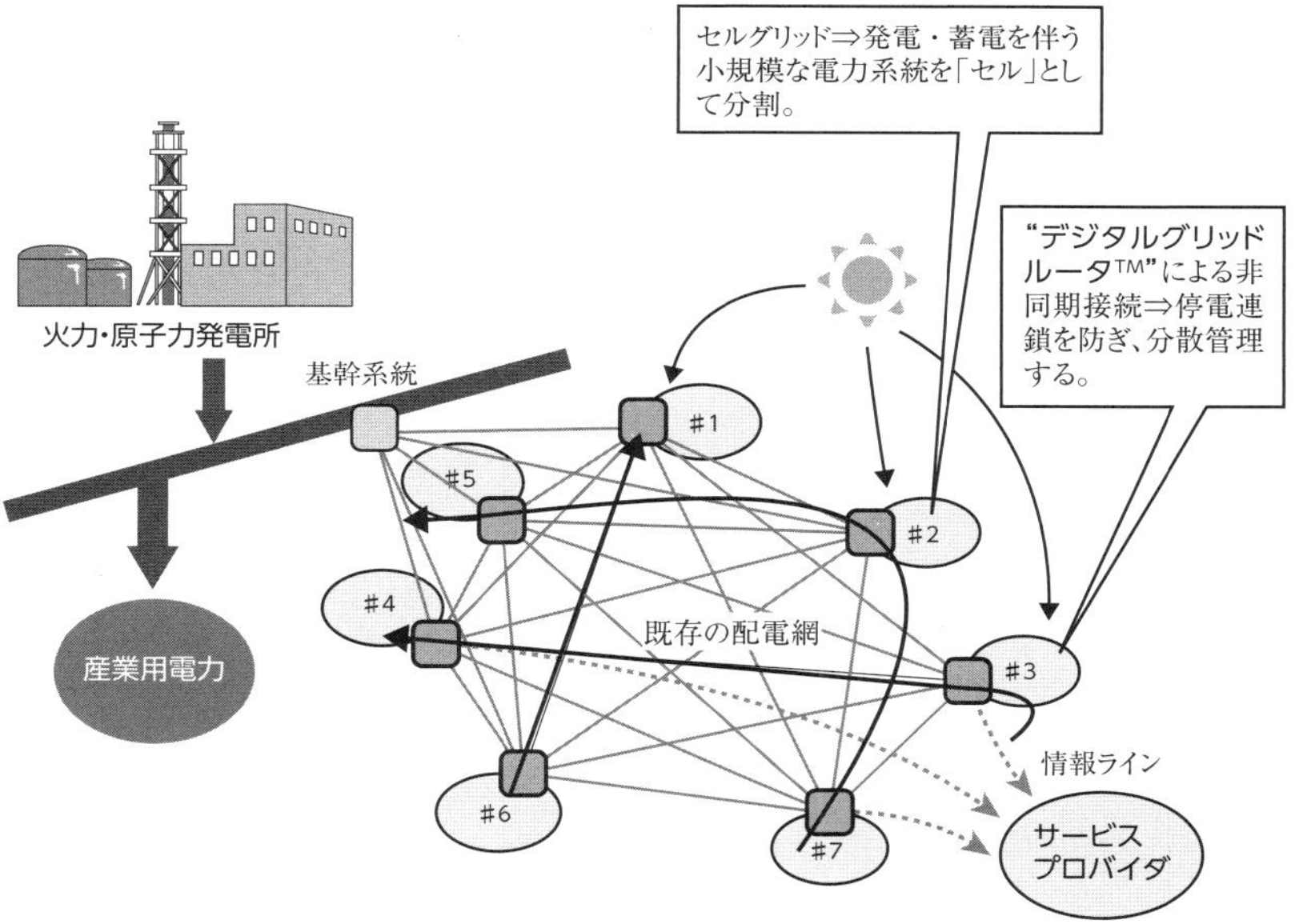

・自然エネルギーの大量導入が可能
・セル内での変動を吸収
・セル外とは一定電力を授受
・基幹系統のサポート
（アンシラリーサービス：電力品質を
維持するための周波数制御などの
運用サービス）を実施

出典：© Digital Grid Consortium　より作成

させることになりました。

しかしデジタルグリッドでは、この変動も貯蔵やルータ機能により各々のセル内で吸収することが可能で、かつ多少異なる周波数が各セルごとに共存するままで安定させることができるので、同期を維持するための電力潮流も不要になり、それに伴う電力系統の動揺も抑えることができます。分散独立型の電力系統であるため、変動要素が大きい再生可能エネルギーを導入することも可能になるのです。

また、前述したように従来の電力系統においては、発電設備に近接した送電ルート上で事故が発生して使用できなくなると、瞬時に電圧低下を起こしたり、消費者側に近い下流の電力系統での大規模停電も発生し得ます。けれどもデジタルグリッドでは、セル数の2乗に比例した電力融通の送電ルートを構築することができるため、仮にいくつかのルートが使用不能になっても、他のルートにシフトすることが可能になります。

その一方で、セルの自立性ゆえに需要と供給の変動率が高くなるため、各々のセルごとに余裕がある電力貯蔵容量が必要になります。

複数のセルの間で自在に電力の融通が図れるため、貯蔵設備を多く持つ方が有利か、電力を購買するほうが有利かは、各セルの判断に任されます。もちろん電力貯蔵設備の価格にも依存します。償却を終えた太陽光発電などは、追加費用のかからない発電が可能ですので、貯蔵してから販売したほうが有利になります。

セルの電力貯蔵設備の貯蔵量が減少して、周波数の維持に支障が生じると判断されると、近接するセルに対して電力の融通を依頼します。すると複数のセルから、複数のルートを通じ、電力の調達を行うことができます。価格や条件、時間帯に応じて有利な条件で融通してもらうことになります。これとは逆に、貯蔵量が多い時に太陽光発電や風力発電などが起動して発電が始まると、今度は近接する複数のセルに余剰電力を配分して受け取ってもらうことも可能になります。この場合、安価な価格を提示することができます。

このように、貯蔵があることで、時間的・空間的に電力の価値は変化し、自由市場が形成される条件が整います。

以上、デジタルグリッドが電力を商品のように取り扱い、送受する（電力取引する）ことにより、自由市場が形成できることについて解説してきました。しかし、このような取引を、電気的制約なしに行うには、ルータでの電力変換や貯蔵を行う必要があります。これにより電力の損失が生じます。また、送電できる量は、送電線の容量制約を受けます。単価の高いルートより、安いルートの方が優先されます。送り方向と受け方向が同時に発生すれば、取引は両方同時に発生しますが、電力は相殺されて差分の送り、または受けだけになります。

そこで、このような電力貯蔵施設を備えたネットワーク型電力網において、セル間の電力取引にかかる費用、すなわち、発電コストと送電コストの総和（電力ネットワークコスト）を最小化する方法について検討しました。

電力ネットワークコストの最小化を線形計画法で解く

前述したように、従来の電力系統では電力潮流の計算は、非常に多くの「非線形」連立方程式を解かなくてはなりません。また、何か動揺が発生するとその挙動は複雑系としての動きとなり、従来型の解析は非常に困難です。

一方デジタルグリッドでは、セル化した電力系統同士は、送電線とデジタルグリッドルータを経由して結合されます。ルータ内部では、直流を挟み、接続先ごとに電

りますので、数は多いものの「線形」の連立方程式を解くことにな
ります。

従って従来の同期送配電システムがかかえる非線形の問題を、線形計画問題に変換して定式化することができるようになります。蓄電池や送電線などの個々の要素を単純化し、電力取引と実際の電力融通に関して比較的抽象度の高いモデリングを行い、それを線形計画法によって解くのです。

例えば、家やビル、あるいは町、市などの単位を1つの電力系統とみなします。これをノードと呼び、複数のノード間をつなぐ送電線を考えます。これをエッジと呼びます。

ノードとエッジの間にデジタルグリッドルータを設置すると任意の電力を送ることができるようになります。ノードの中には発電機や蓄電池があるというイメージです。

発電機や蓄電池の容量は0〜100％の間で動くとか、送電線にはそれぞれ異なる託送料がかかるとか、送電線容量はある値以下だとかというような制約条件の下で、与えられた電力の売買をする際の送電コストの総和を目的関数に置きます。

このような条件のもとに、「デジタルグリッドルータ」を使用して送電線上を任意の電力を融通させることができるものとし、また、各蓄電池の充電量および放電量、制御可能な発電所の発電量も自由に制御できるものと仮定したうえで、上述の目的関数の最小化を考えます。

これは線形計画法（Linear Programming：ＬＰ）という数学的手法を使いやすくするための手続きです。ＬＰはＧＬＰＫ（GNU Linear Programming Kit）などのソルバー（複数の変数を含む式において、最適解を得るために、最適な変数の値を求めることができる機能）を用いて解くことができます。

このことは、大量の電力取引がなされるような時代を可能にする画期的な手法になると確信しています。

複雑系数理モデルが解決する課題

我々はここに述べた以外にも、さまざまな領域で複雑系数理モデルを駆使しています。

たとえば、需要予測アルゴリズムや太陽光・風力などの発電予測アルゴリズムです。これらの時系列データは、従来過去データを学習セットとして適切なアルゴリズムで学習し、近い将来を予測していました。しかしこの方法ですと極めて近い近未来の予測には使えないこともありませんが、電力のように1年分の予測を電力会社に通告するような決まりがある場合には、ほとんど使えません。

我々は、1日を48個の30分刻み需要または発電量に分解し、48次元空間ベクトルを想定してクラスタリングをしています。それにより、曜日、季節、気温など様々な要素でベクトルの位相がシフトすることが分かっています。その軌跡を追いかけ、シフトドライバーを見つけることが新しい予測法を見出すきっかけになるのではないかと考えています。

また、デジタルグリッドは電力識別が可能ですので電力をパケット化して、スワップをかけるなどが可能となります。識別可能となると、消費者の選好が重要な要素となります。このことは経済学の応用にもつながります。また金融工学のテクニックを駆使すると新しい電力およびその派生商品の市場を作ることになります。

デジタルグリッドで新しい電力ネットワークを構築する

さて、今まで見てきたように、デジタルグリッドのシステムを導入すると、技術的な課題である巨大な電力の同期系統が、基幹系統と多数の非同期連系型同期系統のハイブリッドのような形に変化していき、相互に補完しあうようになっていきます。

巨大なシステムは、一般に効率的で経済的であるといえますが、一方でそれらを小さな同期系統の集合体と組み合わせることで、競争原理を導入し、その間の電力融通をルータで行うことで、再生可能エネルギーを大量に導入するなど計画的電源開発ではできなかったことが可能になります。

このように、市場構造の課題である計画経済型モデルに、様々な電源に由来する電力を識別して管理できるルータ、サービス・プロバイダーや取引所といったシステムを導入することで、自由市場経済型モデルに転換していくこととなります。

電気の使用に対する様々な制約をなくして、使いたい時に、多様な空間で制限なく電気を使えるようにして、再生可能エネルギーの導入を促進します。各家庭にそのような空間が生まれれば、日本の電気を取り巻く構造が大きく変わっていくでしょう。

それればかりでなく、全世界で大きな新しい市場を作り出す可能性も秘めています。発電設備を分散・連携させて電力制御し、個々の電力の識別が可能になると、関連する様々な新しいサービスが派生する可能性があります。

電力がデジタル化されて、情報系、勘定系とも組み合わさることにより、巨大な産業を生み出す可能性を秘めています。市場原理が電力システムに組み込まれた時、再生可能エネルギーは爆発的なイノベーションを生み出していくでしょう。

さらに途上国に対する経済的援助も視野に入ってきます。例えばアフリカでは電話線を敷設しなければならない固定電話よりも携帯電話の方が普及しているように、大規模集中型の発電や一方通行の送配電の既存のエネルギーインフラをスキップして、再生可能エネルギーによる小規模分散型の電力システムのインダイレクトな連携による、新しいエネルギーインフラの整備が進む可能性も考えられます。

世界では、電力の使用に制約がある人がおよそ16億人、電力供給が不安定な中で生活している人がおよそ20億人いると見られています。途上国においては、富裕層でも毎時数回の停電を余儀なくされているともいわれます。こうした途上国に既存の電力系統で電力を供給するのは困難を伴いますが、分散型電源からスタートしてデジタルグリッドシステムによって順次相互接続を進めれば、電力供給が可能になります。

今後の研究の展望について

情報通信系、そして勘定系の産業分野では、デジタル化の波で大きな変貌を遂げました。これを背後で支えてきたのは数学の力であり、電力系においても何ができるかを考えなくてはならない時代になっているといえるでしょう。

自然エネルギーを主要なエネルギー源とするような時代には、その発電量予測が重要になります。それにより、蓄電池の運用も洗練されてきますし、市場においてその運用が発電事業者の優劣を決定づけるようになります。

需要についてもまったく同様で、需要予測における機械学習法などが今後ますます重要になり、それ次第では発電技術が生産者主体から消費者主体に移行していくことになるでしょう。

セル内の周波数維持アルゴリズム、事故検出アルゴリズム、保守診断アルゴリズムなどすべてがデジタルの世界になってくると、テクノロジー面においても数学の果たす役割は従来の比ではなくなるでしょう。

また、市場原理を構築するための市場設計においても、数学の果たす役割は大変大きいものと思います。我々はこれからも幅広い分野において数学を活用して新しい地平を開拓していきたいと考えています。

研究のポイント ～編者から～

よりスマートな電力システムを目指して

２０１１年3月の東日本大震災は、日本の電力システムを一変させつつある。風力発電や太陽光発電などの再生可能エネルギーの大量導入やスマートグリッドの本格的構築が喫緊の課題となって来ている。

ここで気をつけなければならないのは、社会インフラの構築に際して日本はしばしば驚くべきミスをおかして来ていることだ。明治時代の電力システム導入の時にもこれが起きた。関東地方はドイツから発電機を輸入したため周波数は50Hz、一方関西地方はアメリカから発電機を輸入したため周波数は60Hzと異なる周波数で電力事業が開始されたため、現在でも我が国の電力系統の周波数は東西で二分されている。そのため、数カ所で50Hzの電力と60Hzの電力を一旦直流を介して変換する周波数変換により、日本全体の電力システムが結合されている。

この面倒な変換を逆手にとって一般化したのが、デジタルグリッドの発想である。そこでは、周波数変換所のミニチュア版であるデジタルグリッドルータを介して、複数の中小セルが非同期に基幹電力系統に結合されて安定で柔軟な電力システムが構築され得る。この非同期化により、電力ネットワークコストの最適化問題も簡単に解くことが可能となる。

もう一つの複雑系数理モデル学の電力への重要な応用は、再生可能エネルギーの予測である。天候に大きく左右される再生可能エネルギーを大量に電力システムに導入するためには、その変動予測が本質的に重要である。特に再生可能エネルギーの急激で大幅な変動、すなわちランプ現象の理解と予測の実用化は極めて緊急性の高い問題であり、現在複雑系数理モデル学にとっても大きな挑戦的課題となっている。

（合原一幸）

第5章

複雑系数理モデル学に基づいた通信システムの最適化への新しいアプローチ

長谷川幹雄（東京理科大学工学部）

はじめに

インターネットを利用する電子メールやＷＷＷ（World Wide Web）は、現在の社会には欠かせない重要な社会インフラとなってきました。自宅やオフィスのＰＣからだけでなく、スマートフォンやタブレット端末の普及により、移動中でもインターネットを利用することができるようになりました。それらの高機能な機器では、様々なアプリが提供されるようになっています。例えば、電車の経路検索アプリ、周辺の店舗や飲食店の検索アプリ、ゲームアプリ、ＳＮＳ（Social Networking Service）アプリなどは広く利用されていますが、それらの便利なアプリもほとんどがインターネットを利用しています。インターネット経由でサーバにアクセスし、情報を取得したり管理したりしています。移動中でもどこにいてもこのようなアプリが使えるのは、無線通信ネットワーク技術の進歩とその展開によるものです。

無線通信ネットワークには、様々な種類のサービスが登場しています。携帯電話サービスは、サービスエリアが広く、移動中でもどこにいても、音声通信やパケット通信を可能にしました。W・i・M・A・X（Worldwide Interoperability for Microwave Access）のようなモバイルブロードバンドサービスは、高速なデータ通信サービスを提供しています。無線L・A・N（Local Area Network）サービスは、レストランやホテルだけでなく、駅や空港などの公共の場所にも設置され、高速なインターネット通信を可能にしています。これらの無線通信サービスは、スマホのような小型端末だけでなく、タブレット端末やノートPCからも利用されています。ノートPCを持ち歩いていれば、外出先でもオフィスと同じ環境で仕事が出来るようになっています。

このような高速な無線インターネット環境を構築している技術は、様々な数学を用いて実現されてきました。例えば、周波数や位相で定義される波形にディジタルの情報を乗せて送るための変調理論、正しく情報を送るための符号理論、パケット通信システムを設計するための待ち行列理論などがあります。第3世代携帯電話（3G）では、符号でデータを多重化するCDMA（Code Division Multiple Access）という方式が導入されました。LTE（Long Term Evolution）やW・i・M・A・Xでは、直交する多数の周波数チャネルを用いるOFDM（Orthogonal Frequency-Division

Multiplexing）方式が使われるようになっています。今後もこのような従来理論をベースにした通信技術も発展していくと考えられます。

ただし、現在の無線通信ネットワークを含むインターネットは、非常に大規模で複雑なシステムになっています。インターネットは、有無線を含む様々なネットワークが統合された自律分散型大規模システムです。このような自律分散型大規模システムを、制御したり、最適に動作させたりするための数学は、まだ完成しているとは言えない状況です。このような大規模複雑ネットワークを最適化して、通信容量、スループット、通信品質を改善するためには、我々が専門としている複雑系や非線形理論の数学が非常に重要となってくると考えています。

我々は、複雑系数理モデル学に基づいた様々な理論に基づき、通信ネットワークや無線システムの諸問題を解決する様々な研究を進めています。これまでの技術の延長では実現できない新しい手法、新しいシステムを実現することを目指しています。以下では、我々の研究で提案した最適化方式、同期方式について、ご説明します。近年注目されているコグニティブ無線システム、及び、無線センサネットワークを対象とし、我々の提案手法を適用していきます。

コグニティブ無線と最適化アルゴリズム

無線通信技術の普及により、どこにいてもインターネットに接続できるようになりました。スマホ、タブレット端末、ノートパソコンなどによるモバイルインターネットアクセス利用が急増しています。これに伴って、無線通信ネットワークを流れるデータのトラフィック量も爆発的に増加しております。モバイルトラフィックの増加はとても急激で、２０１８年には２０１３年の11倍にもなると言われています。

ところが、無線通信システムの容量は、無限にあるわけではありません。無線通信は、電波に情報を乗せて運びます。様々な無線システムが使えているのは、それらが各々異なる周波数（チャンネル）の電波を使っているからです。異なる周波数を使えば、同時に通信をすることは可能です。たくさんの周波数を使うことが出来れば、通信容量も大きくなります。ただし、問題となるのは、モバイル通信に利用しやすい周波数帯域は、それほど広くないことです。現在の携帯電話で使われている周波数は、数百ＭHz～数ＧHzまでです。これ以上高い周波数は、光のように直進性が強く、電波が回りこまなくなり、また波長が短いのであまり遠くまで届きません。現在の携帯電話のように、移動しながら通信する用途には使うことがとても難しくなります。

従って、限られた周波数帯域の中で、可能なかぎり大容量な通信が出来るようにすることが非常に重要となります。携帯電話は、セルラーシステムとも呼ばれていますが、１つの携帯電話基地局でカバーするセルを小さくすると、周波数の利用効率は改善していきます。同じ周波数を繰り返し利用出来るようになるからです。また、変調方式の技術も進歩しており、限られた通信周波数帯域の中での通信容量は増加してきています。

しかしながら、前述のような勢いでこのままモバイルデータ通信のトラフィックが増加していくと、無線通信システムの容量が足りなくなる恐れが出てきます。既に様々な無線通信システムに周波数が固定的に割当てられており、新しいシステムに割り当てられるような周波数はなくなってきています。すなわち、周波数資源の枯渇が深刻な問題となりつつあります。また、無線ネットワークの容量は有限であるため、許容量を超えてしまうとパンクし、つながらなくなることがあります。非常時においては、例えば2011年の東日本大震災の際には、携帯電話も固定電話も回線がすべてつながりづらくなりました。使用可能な回線容量がパンク状態に陥ってしまったのです。こうした非常時もさることながら、近年は平常時でも携帯電話会社のネットワークがパンクしたというニュースがありました。スマートフォンやノートパソコンをネットワークにつないで様々なデータのやりとりをするユーザが増え、モバイルデータトラフィックがものすごい勢いで増えているからです。

周波数資源の枯渇の問題を解決するための技術として、近年、コグニティブ無線技術が注目を集めています。コグニティブ無線は、これまでの固定的な周波数選択やネットワーク選択ではなく、状況に応じてダイナミックに選択を変更し、全体の周波数利用効率を最適化します。すなわち、利用出来る周波数やネットワークの利用効率を改善させて、無線ネットワーク容量を拡大するものです。以下では、コグニティブ無線技術について説明し、さらに、その中で役に立つ可能性のある最適化のアルゴリズムを紹介します。

ヘテロジニアスネットワークとコグニティブ無線

ヘテロジニアスな無線ネットワーク環境

まず、現在使用されている無線通信システムについて整理してみます。

携帯電話は、近年とても広いサービスエリアを展開していて、どこにいてもインターネットにつなげられるようになってきました。LTEの実用化により、数十Mbpsの高速なモバイルインターネット接続も可能になっています。IEEE（The Institute of Electrical and Electronics Engineers）802・16の規格を応用したWiMAXのデータ通信サービスも始まっており，広いエリアで高速なデータ通信を可能にしています。

無線LANは、LANケーブルを引かなくても、ノートPCやタブレット端末を簡単にインターネット接続することを可能にしています。1つのアクセスポイントがカバーする面積は狭いですが、最近は駅やビルの中など様々な場所で利用出来るようになりました。現在よく使われている規格としては、IEEE802・11a／

b／g／nなどがあり、11gや11aでは54Mbps、11nでは100Mbps以上の通信速度を実現します。11acという新しい規格に対応した機器も製品化されており、非常に高速な無線通信が可能となってきております。

このように、無線LANや携帯電話など、様々な無線通信システムが共存しており、ユーザはそれらを使い分けたりしています。このような、様々な異なる種類の無線ネットワークが共存している環境を、ヘテロジニアスワイヤレスネットワーク環境と呼びます。

コグニティブ無線技術とその2つのアプローチ

無線通信システムにおいて必要とされる周波数帯域、ネットワーク帯域などは有限であり、高品質かつ高速化の要求（ニーズ）に対応していくためには、それらの有限資源を可能な限り効率的に利用することが大きな課題となっています。特に、移動通信に適した周波数帯域は枯渇しており、新たな無線通信方式が開発されたとしても、そのサービスに必要な周波数を十分に確保できないかも知れません。現在は、周波数が無線通信システム毎に固定的（スタティック）に割当てられています。従って、ある無線システムが割当てられている周波数が、ある地域では使われていなかったり、一時的に使われていなかったりすると、その周波数帯域は無駄になります。そこで、そのように使われていない周波数帯域や利用率の低いネットワークなどをもっと効率よく活用し、限られた無線資源を最大限有効活用するために、周波数やネットワークの割当てや選択を可変（ダイナミック）にし、周波数の利用効率を改善する新しい無線システムのコンセプトが注目を集めています。これをコグニティブ無線と言います。

コグニティブ無線は、通信する端末周辺の電波状況や無線ネットワーク利用状況を検知し、その状況下において、周波数や通信容量を最大限効率的に利用する最適な周波数やネットワークを選択し利用することで、周波数利用効率を改善するものです。

無線通信システムの通信容量は、その各無線通信システムに割当てられた周波数帯域やネットワーク帯域に依存します。無線通信システムやテレビ放送システムなどが使用する電波には、各通信業者や放送局に対して周波数が固定的に割り当てられています。テレビ放送には、470MHz～710MHzまでの広い周波数帯域が割当てられています。携帯電話には、800MHz帯、900MHz帯、1.5GHz帯、1.9GHz帯、2.1GHz帯などが割当てられ、上り（端末から基地局への送信）と下り（基地局から端末への送信）にそれぞれ10MHz～20MHzずつの帯域で利用されています。無線通信事業者は、割当てられた帯域内で通信トラフィックを収容しなければなりません。近年はモバイルトラフィックが急増しており、無線通信システムに割当てられる周波数が不足してきていて、周波数利用効率の良い通信システムの開発が非常に重要となってきています。

コグニティブ無線は、そのような周波数資源の枯渇問題を解決する1つの手段として、近年注目を集め、米国では一部実用化も始まっています。周波数帯域やネットワークを適応的に選択利用するコグニティブ無線技術には、大きく分けて2つのアプローチがあります。

1つは、スペクトル共用型コグニティブ無線（図1）で、時間的あるいは空間的に空いている周波数帯（ホワイトスペース）を認識し、他のシステムに干渉を与えない範囲で最適に活用することで、無線資源の利用効率を改善します。移動通信シ

図1　スペクトル（周波数）共用型コグニティブ無線ネットワークのイメージ

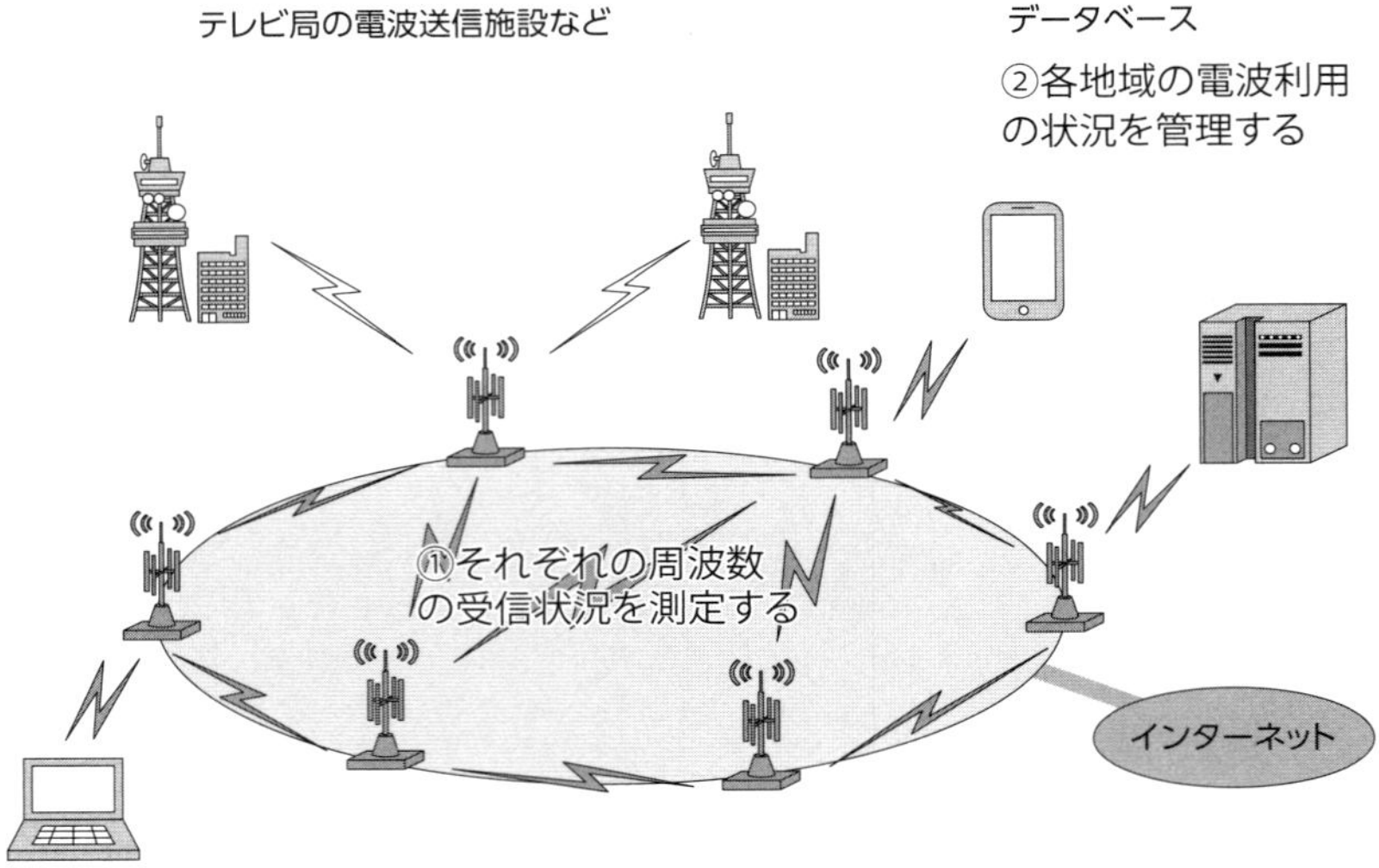

③各基地局や端末側が、①の受信状況の測定結果と②のデータベースへの照会によって、それぞれの場所でほかのシステムに干渉を与えないことが確認されたスペクトル（周波数）帯域を選択・確保して通信を行う。

出典：各種資料よりウェッジ作成

ステムの帯域は過密状態にありますが、前述のように広い周波数帯域を使用しているテレビ放送は、使用されていないホワイトスペース（空いているチャンネル）が存在する地域もあります。例えば、東京で見られるテレビのチャンネル数はせいぜい10くらいで、未使用チャンネルの中には、通信に利用しても近隣の放送に干渉を与えないチャンネルもあります。そこで、コグニティブ無線の技術によって、近隣の放送システムで利用されていなくて、通信に利用しても干渉を起こさないチャンネルを認識（コグニション）し、その帯域を選択して通信すれば、周波数利用効率を向上させることができます。アメリカでは、このようなテレビの空き周波数を利用するコグニティブ無線の実用化が既に始まっています。

もう1つは、ヘテロジニアス型コグニティブ無線（図2）です。こちらは、既存の様々な無線通信ネットワークを最適に選択し、動的に切り替えながら利用することによって、無線ネットワーク全体の通信容量を改善する方法です。最近のスマートフォンは、携帯電話ネットワークだけでなく、無線LANやBluetoothへの接続も可能になっています。そのような、異なる無線ネットワークを動的に切り替えな

図2　ヘテロジニアス型コグニティブ無線ネットワークのイメージ

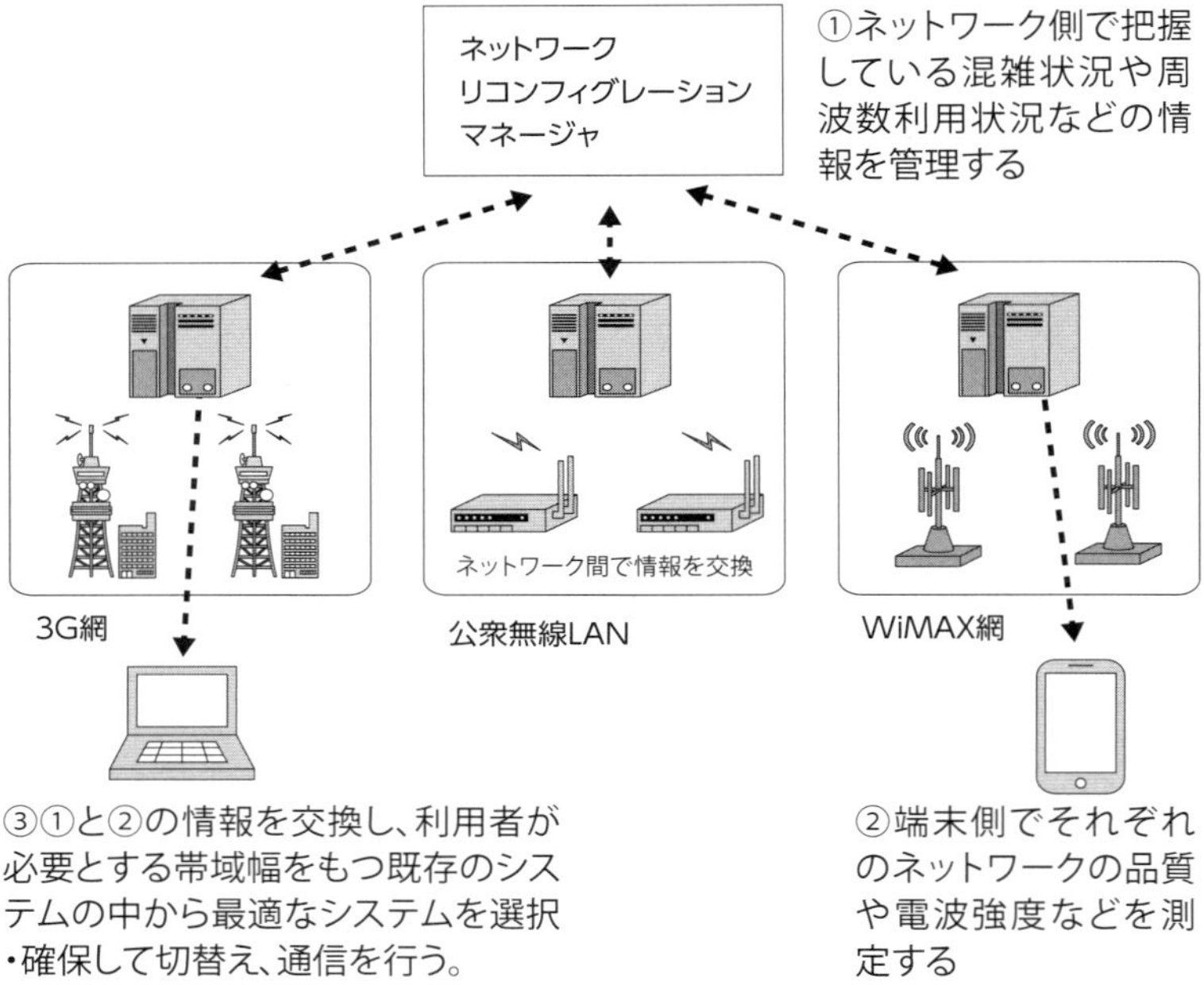

出典：各種資料よりウェッジ作成

がら、無線ネットワーク全体の利用効率を最適化します。垂直ハンドオーバ技術を用いることにより、トラフィックや干渉の状況の変化によって最適な状態が変わっても、通信を途切れさせること無く最適な接続状態にネットワークを切り替えることが出来ます。我々は特に、最適なネットワークの選択アルゴリズムやその実現方式について、先端数理によるアルゴリズムから応用システムまでを一貫したアプローチで研究してきました。

ヘテロジニアスネットワークと垂直ハンドオーバ

ヘテロジニアスな無線ネットワーク環境において、複数の異なる種類の無線ネットワークに接続可能な端末を用いると、その接続先を自由に変更することが出来るようになります。無線ＬＡＮが利用可能なエリアにいる時には、パケット量を気にせずに高速で安定したデータ通信が利用できるので、無線ＬＡＮが最適な選択となります。ただ、１つの無線ＬＡＮアクセスポイントが提供する通信可能エリアは広くはないため、屋外を移動する時にはサービスエリアの広いＬＴＥやＷｉＭＡＸなどの携帯電話型の無線ネットワークを使うことになります。このような携帯電話システムも、最近は非常に高速な通信を可能にしていますが、広いサービスエリアで多くのユーザの通信を収容しなければならず、パケット通信が膨大に増えてしまうと、その容量を圧迫してしまいます。携帯電話会社の最近のデータ通信定額は、データ通信量の上限が決められていて、多くのパケットを通信すると通信制限が掛けられるようになっています。一方、無線ＬＡＮはそのようなパケット量の制限はありませんし、高速な通信でいくらでもデータを流せるので、無線ＬＡＮが利用可能な場所にいる時は、携帯電話ネットワークよりも、無線ＬＡＮに接続するほうが良いということになります。

このようなヘテロジニアス無線ネットワーク環境においては、その時々にその場所での最適な無線システムが異なります。ユーザやネットワークの状況に応じて、常に最適な無線システムへと自動的にスムーズに切り替え、途切れない通信を実現できれば非常に快適な通信が行えるようになります。ユーザの通信を維持しながら、連続的に選択し切り替えて通信するためには、異なる無線システムの間をスムーズに切り替えるハンドオーバ技術も必要となります。携帯電話システムでは、１つの基地局がカバーするエリアが限られていますので、移動に伴って接続する基地局を切り替えていきます。このような接続先のスムーズな切り替えを、ハンドオーバと言います。携帯電話ネットワークと無線ＬＡＮの間のハンドオーバでは、異なる無線ネットワークの間を切り替えるのですが、そのような切り替えをしても通信を途切れさせず継続させる技術があります。このような切り替えは、「垂直ハンドオーバ」と呼ばれています（携帯電話システムのように、同じ種類の基地局の間を途切れなく切り替える技術は、「水平ハンドオーバ」と呼ばれています）。垂直ハンドオーバは、Ｍｏｂｉｌｅ ＩＰ（Internet Protocol）やＩＥＥＥ８０２・21など、既存の標準規格を組み合わせることで実現できます。垂直ハンドオーバ技術を使うと、より良いネットワークに途切れなく切り替えることができるようになります。

様々な種類の異なる無線ネットワークを、最適に選択してするためには、異なる無線システムの情報を統合管理する機能も必要になってきます。ネットワーク側と端末側の間で情報を交換・収集し、さらに、今どこにどの無線ネットワークを選択すべきかを決定し、さらにスムーズな切り替えを実現していきます。

ＩＥＥＥ１９００・４という国際標準規格は、そのようなヘテロジニアス型コグニティブ無線において、最適な選択を可能にするために作られました。図2に示すように、各無線アクセスネットワーク（Radio Access Network, RAN）の状況を端末とネットワーク間で交換し、端末やネットワークが最適な選択を行い、利用するネットワーク資源を切り替えることを可能にしています。例えば、各ネットワークの使用状況を取得し、図3に示すように余裕があるネットワークに接続先を切り替えることによって、限られた無線ネットワークの容量を最大限有効活用できるようになります。また、ネットワークがパンクする恐れも減少し、無線ネットワーク全体の利用可能な通信容量を拡大することになります。

我々は、このようなヘテロジニアス型コグニティブ無線を最適に動作させ、容量を最大化するための最適化アルゴリズムや学習アルゴリズムを研究しています。机上の理論検討やコンピュータシミュレーションだけでなく、実機を用いた実験によってその有効性を検証しています。

図 3　IEEE1900.4 標準規格における RAN 選択の最適化

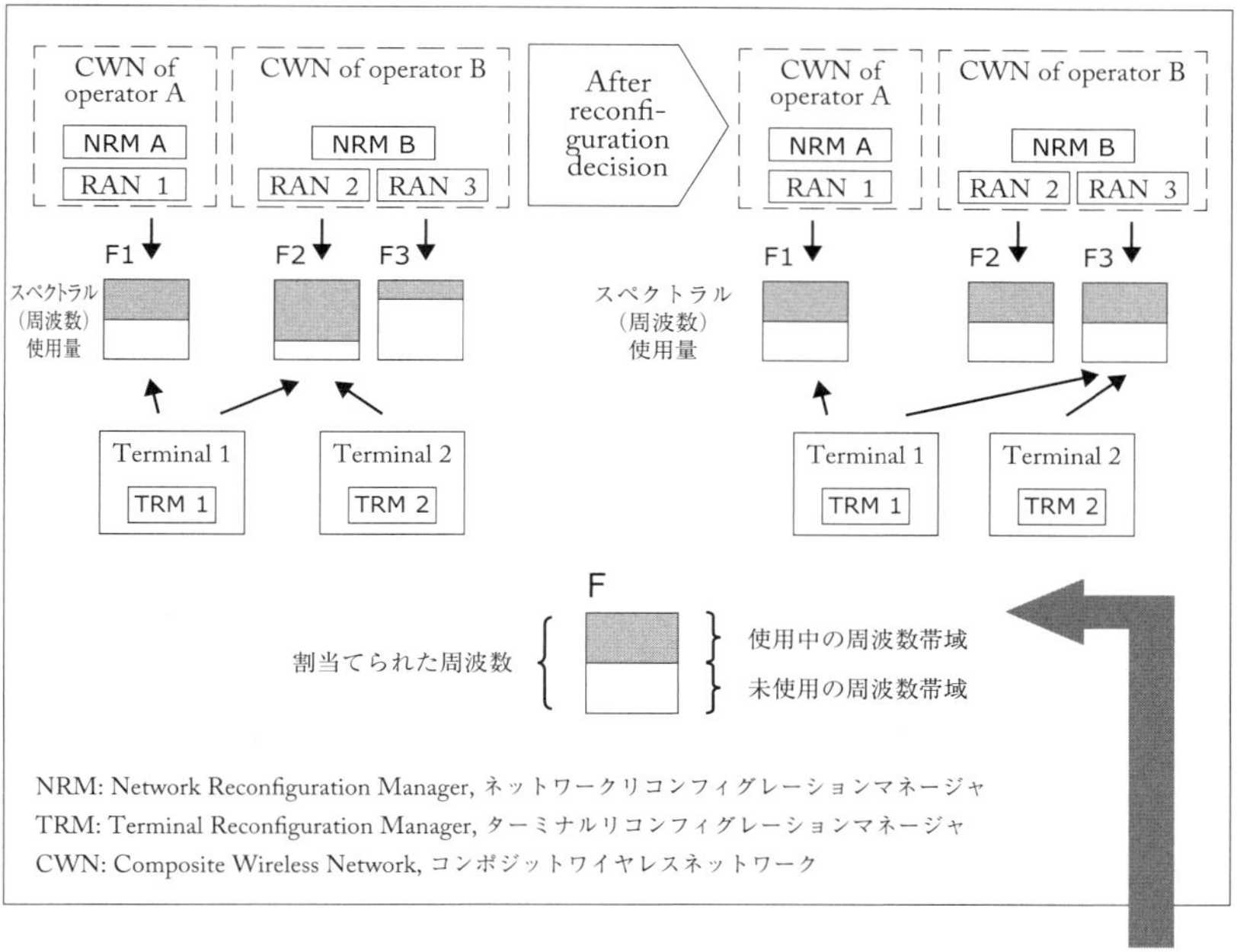

ヘテロジニアス型
コグニティブ
無線

出典：IEEE Std 1900,4™ - 2009 より作成

無線ネットワークの容量と最適化

コグニティブ無線技術は、無線資源を動的に選択し、無線ネットワーク資源の利用効率を最適化できるようにします。ここからは、どのようにして最適なネットワークを選択するのか、そのアルゴリズムについて述べていきます。

例えば、ある場所で複数の無線ネットワークが利用可能であったとします。この中の1つのネットワークは通信トラフィックがとても多く、パンクしそうになっていたとします。容量をオーバーすると、無線ネットワークは使えなくなってしまうことがあります。一方で、容量に十分な余裕があるネットワークも利用可能な場所にいる場合、パンクしそうなネットワークのトラフィックを分散させることで、ヘテロジニアスネットワーク全体の容量をうまく使うことが出来るようになります。

このような負荷分散による容量やスループットの改善だけでなく、無線通信システムの様々なパラメータを最適に調整することで、性能を最大限発揮するように最適化することが可能になります。このような最適化においては、最適な状態を求めるための数学（最適化アルゴリズム）が重要となります。

我々の研究では、無線ネットワーク選択において生じる最適化問題に対し、集中型厳密最適化アルゴリズム、分散型近似最適化アルゴリズムなどを作り、それらの有効性を実証してきました。対象とする選択問題を数式にして、その容量を最大にする状態を求めたり、負荷の分散を最小にしたりするアルゴリズムを作成します。アルゴリズムで求めた状態になるように、ネットワークの選択やリソースの割当ての状態を切り替えることによって、ネットワークを最適な状態にすることが出来ます。

組合せ最適化問題とアルゴリズム

最適化問題や最適化アルゴリズムには様々なものがあります。ここでは特に、上記の無線ネットワーク選択などにおいて生じる最適化問題について述べる前に、もっと一般的な組合せ最適化問題について述べていきます。

例えば、最短経路の探索、スケジューリング、リソースの割当てなどは、様々な状況で用いられている組合せ最適化問題です。最短経路の探索は、いくつもある経路の中から、一番短いものを探す問題です。この時、分岐点がたくさんあって選択肢が非常に多くなってくると、全ての組合せひとつひとつの長さを求めて比較すると、非常に多くの計算時間がかかってしまうことになります。巡回セールスマン問題というベンチマーク問題は、たくさんある都市を、それぞれ1回ずつ訪問し、最後にスタートした都市に戻る巡回路の中で、最短のものを求めるという問題です。この問題では、訪問する都市の数をｎとすると、可能性のある巡回路の数は、(n−1)!/2通りにもなります。ｎが30だとすると、4420880996869850977271808000000通りにもなります。この程度の規模でも、ひとつひとつ巡回路の候補を比較しながら最小値を求めることは、高性能なコンピュータを使っても現実的には出来ません。さらにｎが１０００とか１００００とかのオーダになると、非常に膨大な組合せ数になっていきます。このような問題においては、すべての組合せを１つずつ比較することは出来ないので、賢いアルゴリズムを考える必要があるわけです。

我々は、このような組合せ最適化問題に、カオスの複雑な振る舞いを応用した解探索法、ニューラルネットワークを用いる方法、ネットワーク最適化理論に基づく方法などについて研究してきました。

大規模な組合せ最適化問題では、まず適当に1つの組合せを作成し、それを改善するように少しずつ更新しながら良い答えを探索する方法がよく使われています。最小値を探索する問題では、山を下るように更新していって、最も小さな値に相当する谷を探していくような方法です。巡回セールスマン問題では、2-opt法という非常に簡単な方法がよく用いられます。まず適当な巡回路を作成し、その中の一部の経路を別の経路に変更しながら、より短くなる経路を探していく方法です。具体的には、巡回路中の都市間経路を2つ切り、別の2つの都市間経路に繋ぎかえる方法です。2-optの更新で、短い巡回路が見つかるたびに、その更新を適用していきます。そうすると、徐々に巡回路の長さを短くしていくことができます。最終的には、谷に当たる極小値を見つけたところで探索が終了します。

しかし、このような方法だと、全体の中で最も短い経路に辿り着く前に、探索が止まってしまいます。この極小値の状態をローカルミニマムと言います。本当はもっと深い谷があるのに、中途半端な谷に引っかかり、より低い場所を探せなくなっている状況です。

このようなローカルミニマムで探索が止まってしまうことを回避し、より良い解を探索する方法がいくつも考えられています。例えば、確率的にたまに谷を登る方向にも更新する方法（シミュレーテッドアニーリング法など）や、一度探索したところを再度探索することを避けながら谷から登る方向にも更新するタブーサーチ法などがあります。このような手法を、巡回セールスマン問題の2-opt法に適用すると、最も深い谷に相当する最適解に近い長さの巡回路を探すことが出来るようになります。このような方法をメタヒューリスティック解法と呼びます。

我々のこれまでの研究では、カオスの複雑な振る舞いを応用し、カオスによって探索の状態を揺らがせるメタヒューリスティック解法を研究してきました。確率的に揺らがせる方法やタブーサーチよりも深い谷を見つけられるようになる手法を、カオスを使って実現出来ます。

カオスダイナミクスは、簡単な非線形な漸化式によっても生成することが出来ます。漸化式のパラメータを変えると、様々な特徴を持つ複雑なカオスダイナミクスを作ることが出来ます。我々は、探索に有効なカオスがどのような特徴を持つかを明らかにし、さらに、そのような有効なカオスをうまくアルゴリズムに適用する方法を作成してきました。カオスダイナミクスによって2-opt法を駆動することによって、非常に良い解が見つけられるようになります。タブーサーチを式で表現しながらカオスを持つ形式に拡張したアルゴリズムは、非常に高い性能を持つことを示しています。脳の神経細胞の振る舞いを示すカオスニューロンモデルを用いると、カオス的に振舞うタブーサーチを実現することが出来ます。このアルゴリズムは、従来のタブーサーチよりも高い探索性能を持ちます。

コグニティブ無線ネットワークと最適化アルゴリズム

ニューラルネットワークに基づいた分散型近似最適化アルゴリズム

脳では、膨大な数のニューロン（神経細胞）が電気パルスをやり取りし、情報を処理しています。ニューロンは、電位がある閾値を超えるとパルスを出します。ニューロン間の結合部分にはシナプスがあり、他のニューロンからの入力が入ります。シナプスには、パルスを受け取るとニューロンの電位を上げるプラスの結合を持つものと、逆に電位を下げるマイナスの結合を持つものがあります。シナプスは脳が学習していくことによって変化します。このシナプス結合の重みが変わることによって、接続しているニューロンの出すパルス（発火）のパターンが変わっていきます。このようなニューロンのネットワークは、ニューラルネットワークと呼ばれています。数式でニューラルネットワークを記述すると、機械学習のアルゴリズムや最適化アルゴリズムを作成出来ることが知られています。ニューラルネットワークを用いた最適化アルゴリズムは、コグニティブ無線ネットワークの自律分散的な最適化にも応用することが出来ます。

最適化アルゴリズムとして用いるニューラルネットワークでは、ニューロンを相互に結合させます。結合しているニューロン間のシナプス結合の重みは、すべて双方向に同じ結合の重みにしておきます。各ニューロンの状態は、他のニューロンからの入力各々に、対応するシナプス結合の重みを掛け、それらを全て合計した値が、そのニューロンの閾値より大きい場合に1（発火）を、閾値より小さい場合には0（非発火）を出力します。このように設定したニューラルネットワークは、ひとつひとつのニューロンを順番に更新していくと、ある状態に収束します。この収束して止まった状態は、シナプス結合の重みと閾値で決まるエネルギー関数の極小値に対応しています。各ニューロンを上記の方法で更新していくと、このエネルギー関数の値が必ず減少していきます。この最小化のダイナミクスが、組合せ最適化問題の最小値探索に応用出来るわけです。このようなニューラルネットワークを用いた探索手法では、各ニューロンを別々に更新していくことが出来るので、必ずしも一箇所で計算する必要はありません。一般的な最適化アルゴリズムは、1つのコンピュータで実行しなければなりませんが、ニューロンの更新はとても簡単な計算ですし、しかも、複数のデバイスに分けて計算していくことも出来ます。脳では、各ニューロンがそれぞれ別々に発火または非発火の状態を決定してそれぞれが出力を出しますが、これを応用することで、実際のシステムにおいても分散処理を実現し、最小値探索することが出来るようになります。

このようなニューラルネットワークを用いて組合せ最適化問題の最小値探索を行うためには、まず、対象とする最適化問題を、ニューラルネットワーク中のニューロンの1（発火）又は0（非発火）の状態で定義していきます。例えば、巡回セールスマン問題を解く場合には、その巡回路を0又は1で表現していくために、n個の都市がある問題に対してはn×n個のニューロンを用います。各都市にn個ずつのニューロンを用意し、それらを1番目からn番目までの訪問順を対応させます。n×n個のニューロンの中の(i、j)番のニューロンは、都市iをj番目に訪問するかどうかを示します。すなわち、これが1になっていれば、都市iをj番目に訪問するという答えをニューラルネットワークが示したということになります。このようなニューロンの状態によって全体の巡回路長の関数を作り、それを最小にするようなエネルギー関数の形に変形していくと、シナプス結合の重みと閾値を決定することが出来ます。それらが決まれば、各ニューロンの自律分散的な状態更新だけで、巡回セールスマン問題が解けるようになります。

無線ネットワークにおける最適化問題も、ニューラルネットワークで自律分散的に解いていくことが出来ます。まず、対象とする問題を、同様にニューロン状態の0又は1で定義します。ヘテロジニアス型コグニティブ無線における各端末の接続先を最適化する場合には、端末と基地局のペア毎にひとつずつニューロンを定義して、それが1になったときにはその対応した接続を確立するようにします。このようなニューロンの定義を用いて、負荷分散問題の目的関数の式を作ります。負荷分散の状態やリソース配分など、様々な目的関数を定式化して、最適化することができます。目的関数が記述できれば、最小化されるエネルギー関数と比較することによって、シナプス結合の重みと閾値が算出できます。これらが決まれば、あとは、自律分散的に状態を更新していくだけで、ネットワークの最適な状態を探索していくことが出来るわけです。

無線ネットワークが非常に大規模になると、すべてのネットワーク状況に関する情報を1箇所に集めるのはとても大変です。ニューラルネットワークによる最適化アルゴリズムを用いると、全てを1箇所に集めなくても、自律分散的な計算で準最適な状態を求めることが出来ます。このように、無線ネットワークを、脳のように構築することで、ネットワーク全体を最適化させることが出来るようになります。

ネットワーク最適化理論に基づいた集中型厳密最適化アルゴリズム

前述のアルゴリズムでは、まあまあ良い状態を自律分散的に探索することが出来るのですが、得られる答えはローカルミニマムであり、厳密な最適状態を求められるという保証はありません。我々は、負荷分散問題などは、厳密に解くことが出来

図4　無線ネットワーク選択最適化問題を最小費用流問題としてモデル化

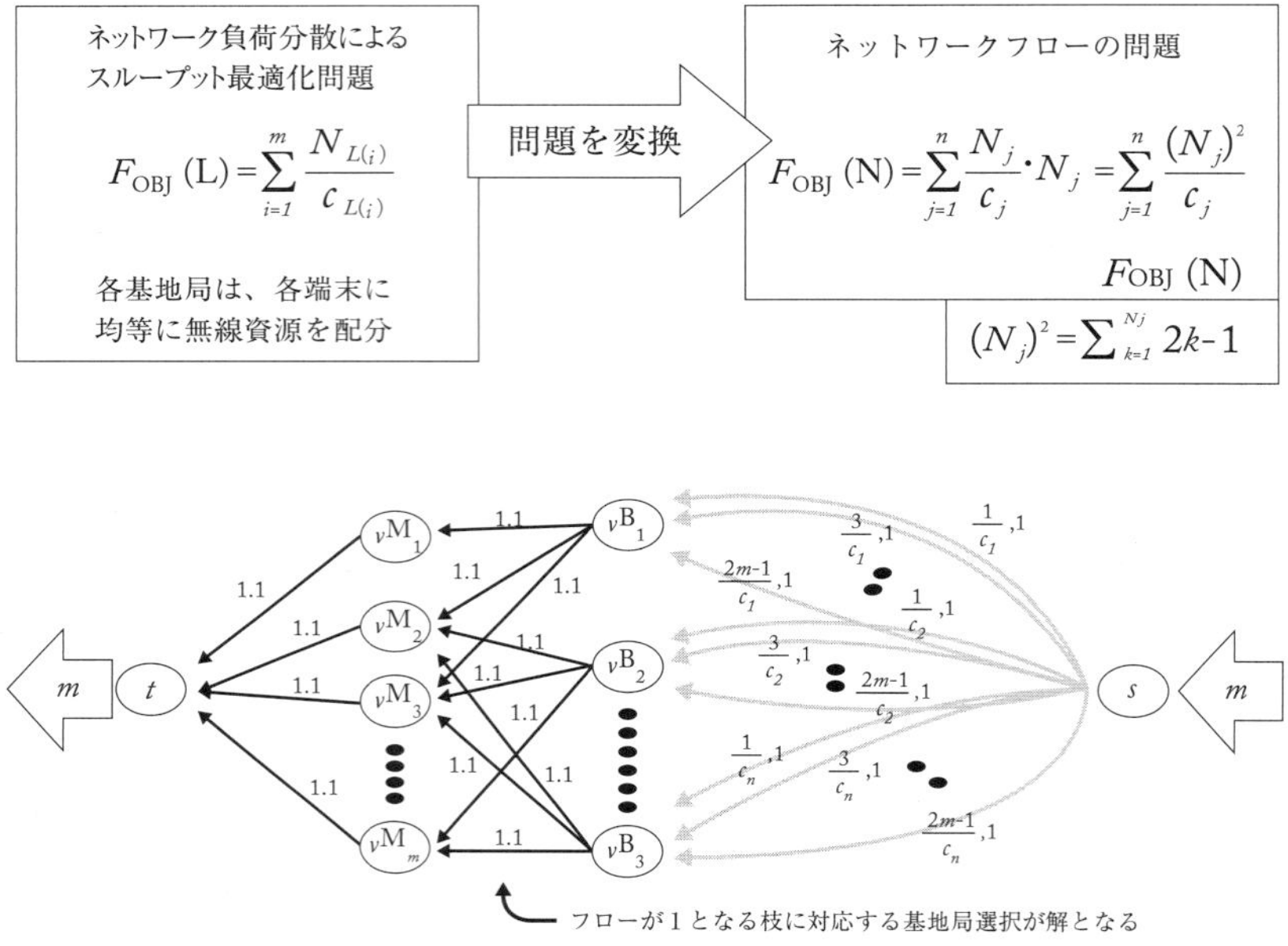

るということも明らかにしました。

厳密アルゴリズムを構築する場合には、ネットワーク最適化理論を用いています。前述のような組合せ最適化問題を、図4に示すようなグラフで記述していきます。グラフ理論で記述する問題には、規模が大きくなっても短時間で厳密解を求められる問題があります。そのような問題の例として、最小費用流問題があります。パケットベースの無線ネットワークにおける負荷分散問題は、少し工夫をすると、基地局と端末の接続を探索する最小費用流問題として記述することが出来ます。図4では、負荷分散の組合せ最適化問題を、ネットワークフローに置き換え、多数のリンクを使いながら最小費用流で記述しています。記述さえ出来れば、あとは既存の厳密最適化アルゴリズムで、非常に少ない計算量で厳密な最適解を得ることが出来るようになります。

コグニティブ無線アーキテクチャへの最適化アルゴリズムの実装

我々はこうした最適化アルゴリズムを動作させる実験ネットワークを構築して、

実験による有効性検証も行っています。実装においては、図5のようにＩＥＥＥ１９００・４の規格に基づいて構築したコグニティブ無線ネットワークを用いることが出来ます。前述のように、ＩＥＥＥ１９００・４では、無線ネットワークの様々な情報を交換することが出来ます。集中型アルゴリズムを実装するには、ネットワーク側に情報を収集し、収集した情報に基づいて最適な接続状態を決定し、各端末に接続するネットワークを指示します。分散型アルゴリズムでは、同じネットワークに存在する端末の接続状態を、ネットワーク側を介して他の端末が取得し、取得した情報に基づいて各々の端末が接続先を決定します。各端末が神経のように働いて、それぞれが接続先を自律的に切り替えることで、ネットワーク全体の最適化を実現できる可能性を示しています。

コグニティブ無線システムの研究においては、センシング、モデリング、ディシジョン、アクションのようなステップを持つコグニティブサイクルが検討されてきました。ここでは、ディシジョンのための最適化アルゴリズムの部分のみについて述べましたが、無線通信における通信速度（スループット）は、信号強度や干渉など、様々な要因によって複雑に変動するので、対象とする問題のモデリングの部分も重

図5　IEEE1900.4アーキテクチャを用いた実験ネットワークの実装

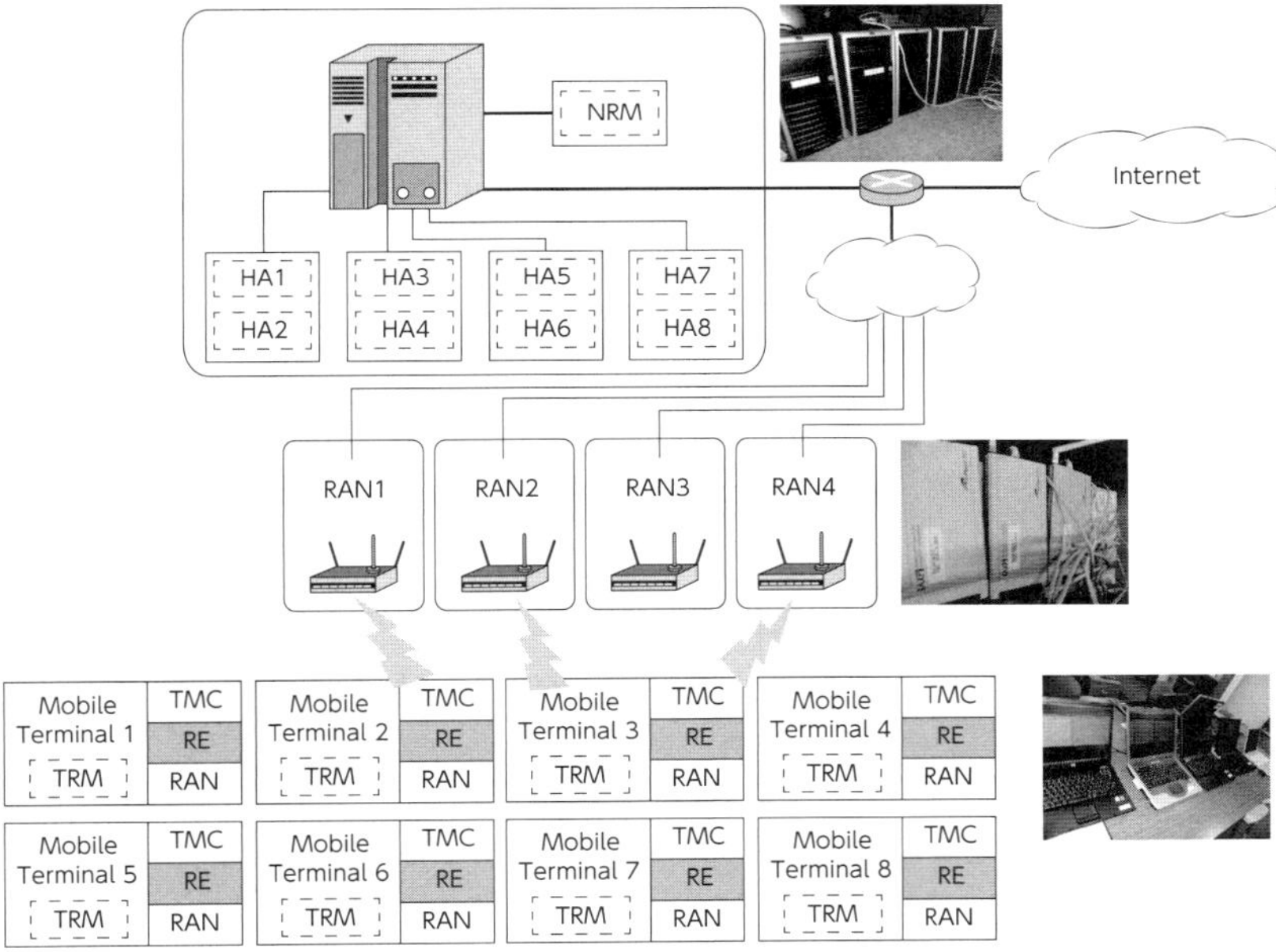

要です。我々の研究では、機械学習アルゴリズムによって、どのような状況の時にどのくらいのスループットになるかをモデリングし、最適なスループットを選択するアルゴリズムを作っています。これと最適化アルゴリズムを連動させ、コグニティブサイクルによってネットワークの性能をさらに改善していくことを目指しています。

非線形振動現象を応用した無線センサネットワークの同期

複数のデバイスがタイミングを合わせて動作するためには、デバイス間の同期が必要です。複数の自律ロボットが連携動作する場合、あるいは、無線通信において通信するタイミングを合わせる場合など、さまざまなシーンで同期は必要になります。従来の同期方式では、それらのデバイス間で何らかの信号のやり取りをしたり、GPSや電波時計などの信号を受信して時刻合わせをしたりする方法が一般的に用いられています。そのような方式では、基本的には無線通信を用いているので、そのための送信機や受信機を装備する必要があります。我々は、そのような無線通信による信号のやり取りがなくても、動作のタイミングを合わせられるようにする、新しい同期方式の研究を進めています。

我々が用いているのは、複数の非線形振動子に、共通のノイズを加えると、非線形振動子の位相が同期するという理論です。非線形振動子にはいろいろなものがありますが、それらの振る舞いは微分方程式で記述でき、パラメータを調整すると周期的な振動をさせることができます。この周期軌道は安定であって、ノイズを加えて振動子の動きを少しずらしても、元の周期振動に戻っていきます。このような振動子が複数あったときに、最初はそれらの位相がずれた状態であっても、それらに同じノイズを加え続けると、それらの位相が同期するのです。これを雑音誘起位相同期現象（Noise-Induced Phase Synchronization）といいます。図6は、フィッツフュー - 南雲方程式で記述される振動子における雑音誘起位相同期現象を示しています。我々は、このような共通ノイズがあれば同期するという現象を、複数のデバイス間の同期に応用しようと考えています。

自然環境には、様々なノイズやゆらぎがあります。近隣の場所に設置した複数のデバイスでそのようなノイズやゆらぎを観測すると、それらは互いに高い相関を持

図6　フィッツフュー-南雲振動子における雑音誘起位相同期現象

$$\frac{dx_1}{dt} = \varepsilon(y_1 + c - d * x_1) + \xi(t),\quad \frac{dy_1}{dt} = y_1 - \frac{y_1^3}{3} - x_1 + I$$

$$\frac{dx_2}{dt} = \varepsilon(y_2 + c - d * x_2) + \xi(t),\quad \frac{dy_2}{dt} = y_2 - \frac{y_2^3}{3} - x_2 + I$$

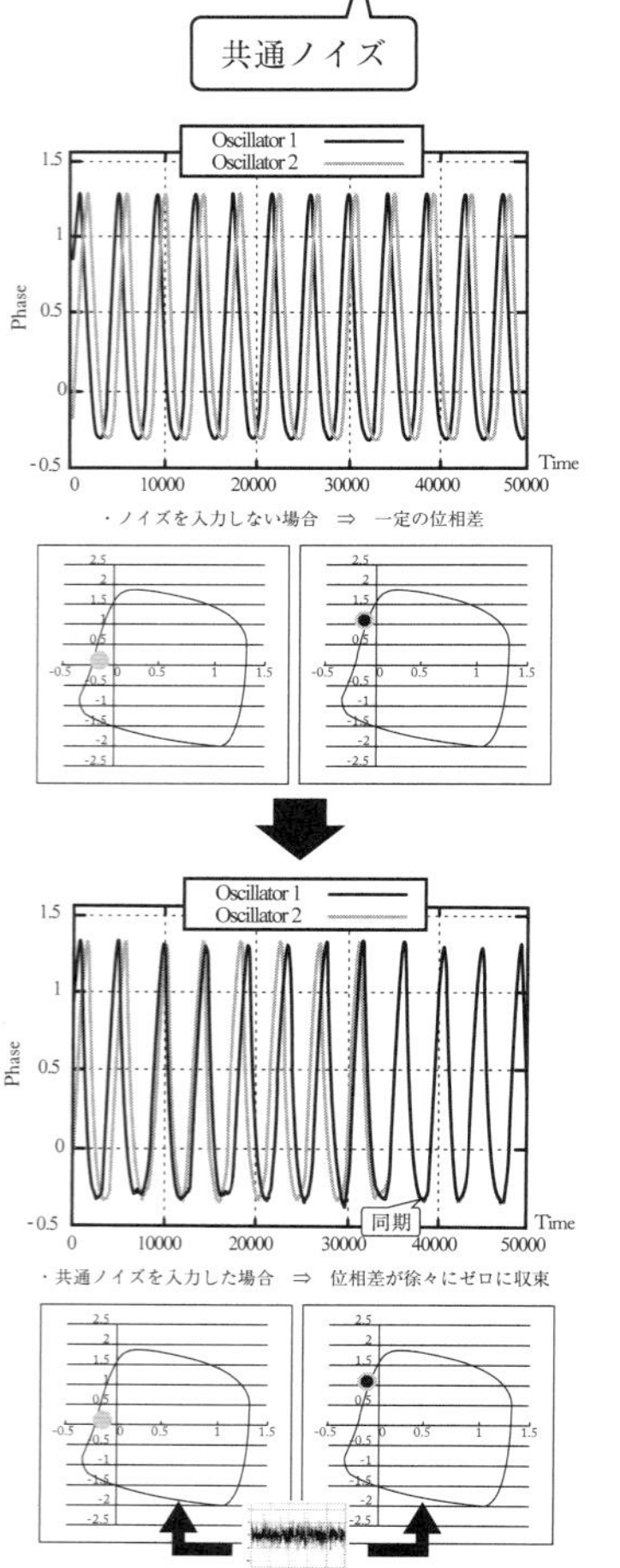

・ノイズを入力しない場合 ⇒ 一定の位相差

・共通ノイズを入力した場合 ⇒ 位相差が徐々にゼロに収束

つと考えることが出来ます。相関がある程度高ければ、上記の雑音誘起位相同期現象を起こすことが出来ます。すなわち、我々の提案する同期方式は、環境のノイズやゆらぎを用いて複数のデバイス上で走らせる非線形振動子を互いに位相同期させ、デバイス間のタイミング同期を達成しようという方法です。図7は提案システムの概要を示しています。

我々の実験では、様々な環境ゆらぎや環境ノイズを用いて、通信を用いないタイミング同期が本当に可能かどうかを検証してきました。具体的には、センサネットワーク機器で取得できる気温、湿度、気圧などの変化、音響信号、環境電磁波などを用いて実験してきました。ある程度近くに置いた複数のデバイスが取得したデータは、互いに相関が高くなります。そのような完全に同一でないデータを非線形振動子に入力した場合でも、雑音誘起位相同期現象によってそれらが同期することが確認されています(図7)。ノートPCやセンサネットワーク機器で、非線形振動子を動作させ、センサやマイクから取得する環境ゆらぎを入力するプログラムを実装し、通信しなくても機器間のタイミング同期が可能であることも実験によって示されています。

図7　雑音誘起位相同期現象による無線センサネットワークの時間同期

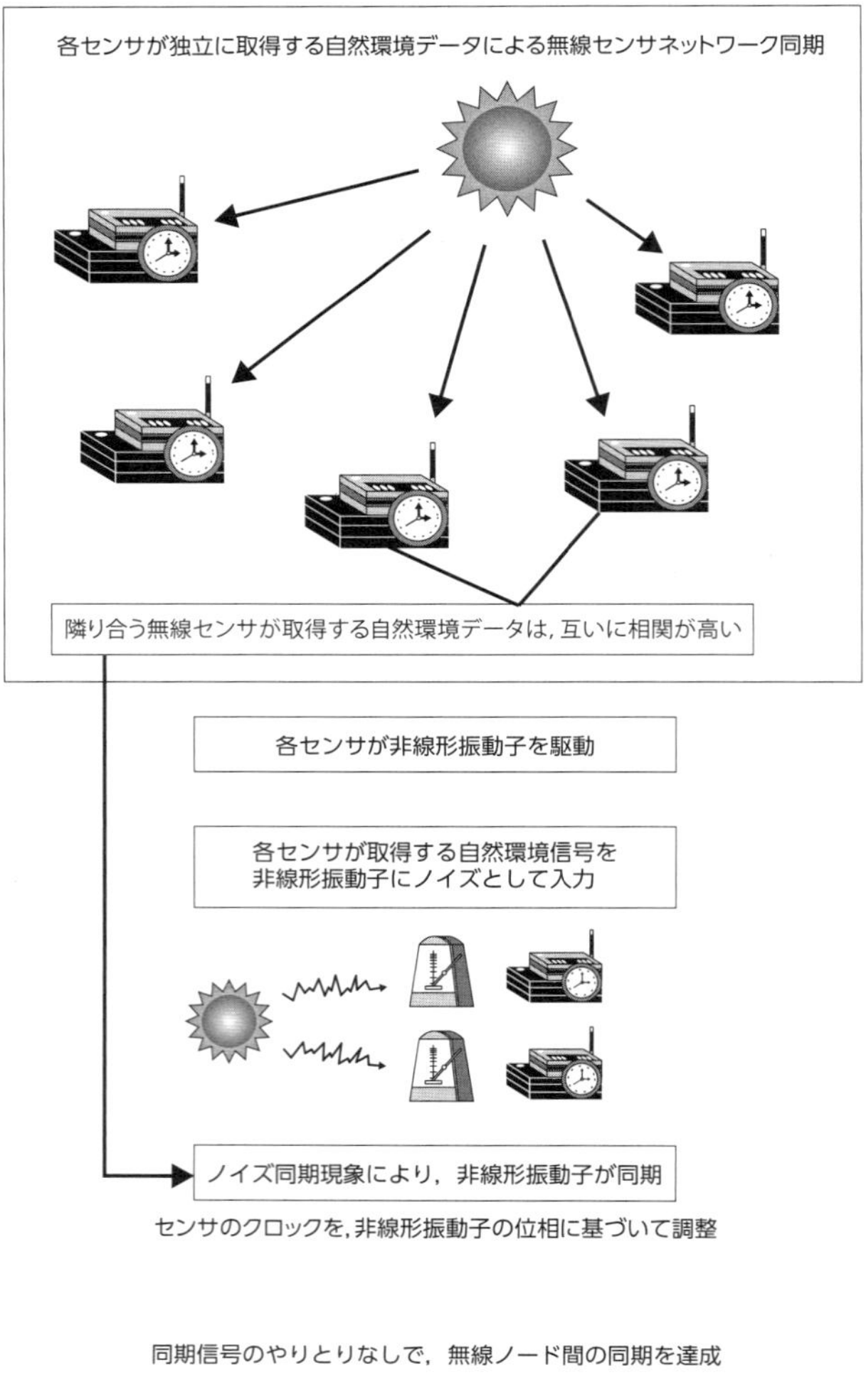

無線センサネットワークは、様々なデータを収集するシステムで、天気、地震、火山などの情報を収集する無線ネットワークです。ひとつひとつの無線センサノードの送信電力は限られているので、広域の情報を収集するために、複数のノードを中継して通信するマルチホップ通信を用いることが想定されています。建造物の状態の監視、農業に必要な日照時間の観測、動物の生態調査、災害時情報の収集などに、このような無線センサを活用することが検討されています。

無線センサネットワークを用いた情報収集では、小型電池駆動の無線センサノードを広域に多数分散配置することが想定されています。多数のノードの電池を交換するのは大変な作業なので、限られた搭載電池容量で可能な限り長時間動作させるための省電力化が重要となっています。省電力化の一手法として、送信・受信の待機動作のタイミングを合わせて、間欠的に通信を行う方式がありますが、そのためにはセンサノード間の時間同期が必要です。一般的な時間同期法ではノード間の通信が必要となりますが、雑音誘起位相同期現象を応用した環境ゆらぎによる同期方式では、各センサがセンシングする情報のみで同期させることができるため、電力消費を極力削減したプロトコルの実現が可能になります。

地球から離れた宇宙空間では、ＧＰＳも電波時計も届きませんが、そんな何もないところでも、太陽や宇宙を伝搬する様々な電磁波を使えば、雑音誘起位相同期現象によって複数の探査機のタイミング同期をさせることが出来るようになる可能性があります。

これからの通信システムと研究への展望について

コグニティブ無線の最適化、および、ノイズやゆらぎによる同期方式について、述べてきました。これらの手法は、ニューラルネットワーク、ネットワーク最適化理論、非線形力学系理論などを応用することで実現できたものです。現在のインターネットは、有無線の様々なネットワークを接続した大規模、広域な巨大ネットワークになっています。このような大規模複雑ネットワークにおいては、自律分散的に最適な動作をさせることがさらに重要となっていくと考えられます。

情報通信ネットワーク技術の発展のために、最先端の科学（サイエンス）を応用しようという試みは、最近、世界的にも重要視され始めています。電気・電子工学分野の世界規模の学会であるＩＥＥＥでは、ネットワーク科学とネットワーク工学の融合分野を扱う新しい雑誌、「IEEE Transactions on Network Science and Engineering」が最近創刊されました。日本では、電子情報通信学会の中で、情報ネットワーク科学研究会および複雑コミュニケーションサイエンス研究会が、同様の分野を扱うグループとして立ち上がり、活動が活発になっています。また、複雑コミュニケーションサイエンスは韓国のマルチメディア学会（ＫＭＭＳ）の中にも立ち上がり、最先端数理を通信に応用することを試みる分野の日韓連携も進んでいます。このような学会において、従来技術の延長では出来ないような、新しいアルゴリズム、新しい通信方式などの可能性が多く発表されています。近い将来には、このような最先端数理によって、今までの延長の技術では想像出来なかったような情報通信環境が実現されるかも知れません。

研究のポイント ～編者から～

認識する知的通信システムと最適化

今日の私たちの生活にとって、インターネットは必要不可欠な存在である。朝起きて、まずは電子メールのチェックをされる方は多いと思う。このような日常の様々な営みが、インターネットによって支えられている。これを可能にしたのが、一種の複雑系である通信システムである。

通信システムのさらなる高性能化に対する社会の要求は日々益々高まっているが、他方で通信に利用できる周波数帯域は限られている。したがって、周波数やネットワークの動的選択を最適化する、より知的なコグニティブ（認識）能力を持った通信システムの開発がたいへん重要な最先端の研究テーマとなっている。

このコグニティブ無線ネットワークを実現するためには、最適化技術が鍵となる。複雑ネットワークの最適化理論は応用対象も広く、複雑系数理モデル学の理論的プラットホームの柱の1つである。そこでは、脳の神経回路網の数理モデルである人工ニューラルネットワークも大きな役割を果たしている。さらに、カオスダイナミクスも最適化にたいへん有効であることが明らかとなってきている。

このようなニューラルネットワークに基づいたコグニティブな自律分散計算を無線ネットワーク上に実装できれば、通信システム自体がある種の知的実在となり、さらに広大な地平が拓かれることが期待される。今後はこのような形で、通信システムに限らず様々な人工物が高度な知的複雑システムへと「進化」していくものと思われる。

（合原一幸）

第6章

機械が現実を学習する

鈴木大慈（東京工業大学大学院情報理工学研究科）

はじめに

近年、インターネットの普及やコンピューターの処理能力の向上および計測技術の発達によって、膨大な量のデータが日々生み出されています。例えばオンラインストアでは日々顧客の購買履歴が蓄積されており、他にも様々なサービスやアプリケーションを通して画像・音声・テキストなどありとあらゆる情報がデータとして保存され、データ量は増大の一途をたどっています。

こうして生まれた今まで人類が経験したことのないような多様にして大量のデータはビッグデータと呼ばれ、そのデータに埋もれた有用な情報をいかにして抽出し有効活用するかという社会的欲求が様々な場面において高まっています。そういった背景のもと、ビッグデータからの情報抽出の方法論として統計学や機械学習が今強い注目を浴びています。

2009年8月のニューヨーク・タイムズ紙で、米国グーグル社チーフ・エコノミストであるハル・ヴァリアンは「今後10年間で最もセクシーな仕事は統計学者である」と述べて話題を集めました。

また、2011年5月に米国大手コンサルティング会社のマッキンゼーが発表したビッグデータに関する報告書によると、米国だけでも「2018年までに高度なアナリティクス・スキルを持つ人材が14万〜19万人不足し、大規模なデータセットのアナリティクスを活用し、意思決定のできるマネージャーやアナリストが150万人不足する」と分析されており、さらに、2012年3月にはホワイトハウスが2億ドル以上の予算を付与した「ビッグデータイニシアチブ」を発表するなど、統計学や機械学習といったデータ科学の分野が今後ますます重要になると見られています。

現在問題となっているビッグデータの特徴としては、物理的に大容量であること(Volume)はもちろん、テキストや画像など様々な種類や形式がありえる多様性を有すること(Variety)、さらには日々データが次々更新・蓄積され即応性がもとめられること(Velocity)が挙げられます。

これらの特徴(併せて3つのVと呼ばれています)のため、人間が手動で特定の意味のある情報をビッグデータから抽出したり活用したりすることはとてもできません。そのため、コンピューターを用いてデータから有用な情報を効率よく自動的に取り出すための方法論が必要になります。そこで必要とされる技術が統計学や機械学習といったデータ科学なのです。

しかし、目の前に生のデータがあるのに、なぜわざわざ統計学や機械学習などを用いて情報を「抜き出す」行為が必要であるのか疑問に思われるかもしれません。その疑問に答えるため、顧客の「購買予測」の問題を考えてみましょう。

購買予測においては、顧客の購買履歴に加え性別や年齢といった個人情報などから次に何をその顧客が欲しているかを予測します。その際、すでに買ってしまったものをまた買うことはあまりないため「次に買うもの」は基本的に過去のデータに含まれているとは限りません。

よって、我々は顧客の好みやニーズを手元にあるデータから推測する必要があります。この過去のデータにはない情報を「推測」するという行為が統計学の最も得意とするところなのです。大量のデータから「これを買った人はこれも買いやすい」などの法則を見つけ、それをもとに購買欲求の推測をするのです。

しかし、巨大データを前にしてこれを人手でやるのは至難の業です。よって、代わりに機械（コンピューター）に法則をみつけてもらいます。それはあたかも機械がデータを見て自ら顧客の特性を学習し賢くなってゆくように思えます。そのため、統計学だけでなく元来人工知能の一分野であった機械学習もビッグデータ解析では活躍しているのです。

とはいうものの、こういった高度な情報処理は、ただやみくもに計算機をまわして実現できるものではありません。データや問題に応じた適切な方法が必要です。そのための方法論を作り上げてゆくことがデータ科学の役割です。

データ科学のもたらすもの

爆発的に増加し続けているデータを統計的手法を使って分析するデータ科学は、我々に一体何をもたらすのでしょうか。

ここで、機械学習にまつわる簡単な例を3つほどご紹介します。

2013年3月末に東京で行われた第2回将棋電王戦第2局で、コンピューター将棋ソフトウェアPonanza《ポナンザ》が、現役のプロ棋士に勝利しました。これは公の場で現役のプロ棋士に史上初めて将棋ソフトウェアが勝利した瞬間でした。このソフトウェアの核となる部分に、機械学習が使われています。コンピューター将棋は長らくプロ棋士に勝てるレベルまで到達するのは困難であるとされていましたが、機械学習を用いたBonanza《ボナンザ》と呼ばれるソフトウェアが2005年6月に公開されたことがブレイクスルーとなりコンピューター将棋は一気にプロ棋士を脅かす強さを有するようになりました。

将棋のソフトウェアは、局面の有利不利の序列を数値で表す「評価関数」というものを内部に持っています。評価関数は、駒配置を入力するとどちらがどれだけ有利かを数値として返します。将棋ソフトはその評価関数に従い、より有利な指し手を探索します。よって、指し手の良し悪しは評価関数の良し悪しに大きく左右されます。

かつては、手作業で評価関数が構築されていましたが、Bonanzaの最大の特徴は、1から10まで人間がすべてプログラミングをするのではなく、これまでに蓄積されている対戦棋譜データを使って、機械（コンピューター）が自ら評価関数を学習する仕組みを取り入れたことです。Bonanzaが登場して以降、コンピューター将棋は機械学習を使った戦法へとシフトしており、最近の強いソフトウェアはすべて機械学習を用いて構築されています。将棋という人間の知性を象徴するような知的ゲームにおいて、コンピューターがプロに勝利するという事件は、機械学習の威力を強く世間へアピールする結果となりました。

2つめの例が、IBMのWATSON《ワトソン》というスーパーコンピューターが、米国の「Jeopardy!《ジェパディ》」というクイズ番組で人間に勝利したことです。2011年の2月14日から16日に行われたテレビ収録では、2880個のプロセッサ・コア（集積回路を実装したプロセッサの中核部分）を使って、約100万冊の書籍に相当する2億ページ分のテキストデータを読み込ませて、その膨大な自然言語情報のなかから、いかに正確な情報（回答）を引き出せるかというチャレンジを実行しました。そのコア技術の1つとして機械学習が使われています。これまでコンピューターが苦手としていた自然言語の質問文に対して、質問文のなかで具体的に問われているのは何かを正確に理解して、的確な答えを検索し、即座に回答することができたのです。

最後の例は、我々にとって身近なデジタルカメラに搭載されているような顔認識の技術です。顔認識の技術は、デジタルカメラだけでなくiPhotoのような写真管理ソフトウェアにおいても写っている人物ごとに分類するといった機能で使われています。今となっては多くのカメラに標準装備されている顔認識機能ですが、リアルタイム顔検出が可能になったのは2001年に機械学習技術を用いた高速顔検出技術が考案されてからです。また、顔認識の機能が商用のデジタルカメラに搭載され始めたのは2005年頃からで、比較的新しい技術であることがわかります。

顔認識の例にもあるように、上で挙げてきた例はコンピューターの歴史からみると比較的最近の事例です。実はこれらの技術の実現にはこれまで様々な課題があったからです。

人間と機械（コンピュータ）の違いをその計算力を比較する例で見てみましょう。$1937077 21 \times 7618382572 87 - 2^{67}$という四則演算の問題があります。答えは-1です。この計算を人間が行うのはかなり大変ですが、計算機では瞬時に答えが導かれます。

一方、顔認識では、まず1人ひとりの顔が異なり、仮に同じ人物でも照明の当たり方で見え方や色調が変わり、表情・髪型・顔の向きなど、様々な違いが生じます。しかし、それが誰の顔なのかという判断は、機械よりも人間の方が優れた能力を発揮します。つまり、前者のような確定的な入力の場合は機械が優れており、後者のような不確定な入力の場合は人間の方が優れているのです（図1）。

これは機械の特性に起因します。機械は決められたことは正確に行えます。同じ入力に対しては必ず同じ出力を返します。しかし、決められたこと以外はできません。よって、不確定性の高いデータに対して完全に人間の所望する振る舞いをさせるには膨大な量の例外処理をプログラミングしなくてはいけません。

機械学習が使われる前にはそのようなアプローチが試みられましたが、現実問題においてそれは非常に困難であることがわかりました。そこで機械（コンピューター）自身に学習させることによって、的確な回答を導き出す精度を上げてゆこうという発想が現れました。それが機械学習です。大量のデータを用いて自ら賢くなることで、今まで実現できなかったパフォーマンスを発揮するようになったのです。

方法論自体は昔から基礎研究が積み重ねられてきたのですが、コンピューターの基本性能が上がり、大量のデータが手に入るようになってきたことも相まってここ10年ほどで大きく実用化が進みました。

機械学習の手順は大体次のように表現できます。まずデータの特性をあるパラメーターを含む数式（統計モデルと呼びます）で大雑把に表しておき、あとは機械

図１　不確定なデータ処理能力　人間と機械（コンピューター）を比較すると…

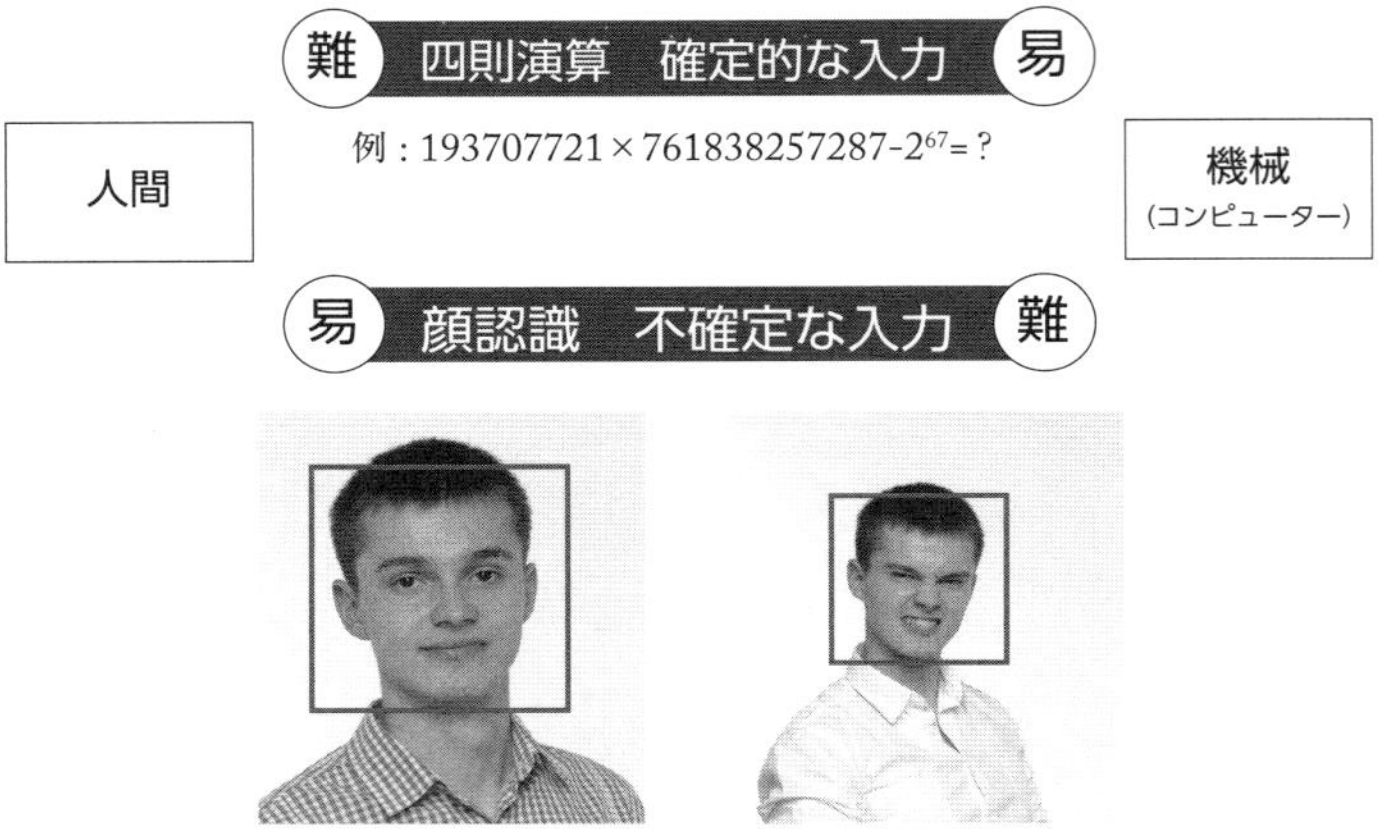

人の顔は千差万別、同一人物でも照明の当たり方で見え方・色に差が生じる、表情の違い、髪型の違い、顔の向きの違い等、不確定要素が多く、判別が困難。

がデータを最もよく説明するパラメーターを学習するという手順を踏みます。よって、より正確な数式でデータの特性を説明し、より高速にパラメーターを学習する方法を確立することが、洗練された機械学習手法を構築するために必要になります。実は、数学的にはこの手順は統計学における「推定問題」ともみなすことができ、そのため両者は密接に関わっているのです。

データ科学を支える理論

顔認識の技術のもとをたどっていきますと、パーセプトロンという1950年代に考案された学習手法に行きつきます。これはニューラルネットワーク（脳が備えている学習機能を計算機上でシミュレーションすることで実現する数学モデル）の基礎となっている技術です。パーセプトロンは脳の機能を非常にシンプルな数学モデルで表したものですが、強固な理論的背景があり今でも現役で使われるような学習能力を有しています。

パーセプトロンを始めとして様々な学習手法の理論的な研究が進む中、「学習能力の弱い学習機を組み合わせることで学習能力の強い学習機を作ることができるか」という理論的疑問が提起されました。

その疑問に答える形でFreund《フロインド》とSchapire《シャピーレ》がBoosting《ブースティング》と呼ばれる手法を提案し、上記の疑問に理論的な解答を与えました。さらにそれを発展させてAdaBoost《アダブースト》と呼ばれるアルゴリズムが考案され、後にこのAdaBoostが実時間顔認識における基本技術となりました。これは、純粋な理論研究が発展し、実応用へそのまま繋がった興味深い例となりました。

2001年にViola《ヴィオラ》とJones《ジョーンズ》という2人の研究者が、AdaBoostを用いることでリアルタイム顔検出を実用レベルの精度で使えるようにしたという研究論文を発表しました。このViolaとJonesの技法は、顔だけではなく、様々な物体認識にも使われています。実験では、約5000枚の顔写真と約9500枚の顔ではない写真を集めて学習を行い、初めてリアルタイムで「顔」かどうかの判別ができるようになった画期的なものでした。これは膨大なデータとそれを活かすための理論があって可能となった技術です。

機械学習には非常に幅広い応用分野がありますが、それを支える基礎理論として、統計学、最適化理論、確率論、数値解析、離散数学、情報理論などがあります。

その中でも特に重要なのが統計学です。統計学は長い歴史を有し、現在使われている統計学の理論は20世紀中ごろまでにはその基礎が確立されていました。ここでは、統計学を支える理論の1つとして「情報幾何学」と呼ばれる学問を紹介しましょう。データ科学と視覚的な要素が強い幾何学の結び付きは一見不思議な印象を与えますが、情報幾何学は統計学を考える上で本質的な視点を与えてくれます。

情報幾何学は、甘利俊一・東京大学名誉教授によって創始された学問です。情報幾何学をひと言で表すと、データに内在する不変な統計的性質を調べる学問であると言えます。

統計学においては、データがなんらかの確率分布から生成されていると想定し、基本的にはその分布を推定することで、データの特性を摑みます。データの不確定性を確率的事象と捉え、その確率的振る舞いを知ることで不確定性の裏に潜む構造を知るのです。分布の推定精度を測るためには、確率分布の間の距離を定める必要があります。

精度よく分布が推定できているのならば、データの背後に潜む本当の確率分布とこちらが推定した分布の距離が「近い」はずだからです。分布の距離といっても沢山の選択肢がありますが、望ましい性質としては、誰が見ても同じ値になる「不変量」であることが望まれます。ここで、不変量とは単位としてメートルを使ってもキロメートルを使っても変わらない量とでも捉えてください。そのような不変量を扱うのに実は幾何学が非常に有用なのです。

例で見てみましょう。図2にあるように2つの山型の分布（正規分布と呼ばれる分布です）があるとして、それらの間の距離を考えてみましょう。図2の上段の2組と下段の2組ではどちらが互いに近い（似ている）でしょうか？　おそらく互いに重なっている分、下段の方が互いに近いと思われるでしょう。ここで、もし2つの分布間の距離として分布の平均間の距離を使ったらどうでしょうか。分布の平均の距離はいかにも分布間の距離として適切に思えます。しかし、今の例の場合、上段も下段も同じ距離になってしまいます。しかも、単位としてメートルを使うのかキロメートルを使うのかで値が変わってしまい、不変量ではありません。

ここで、2つの分布の標準偏差（山の幅と思っていただいて構いません）が同じだとして、平均間の距離を標準偏差で割った量を考えますと、幅が狭い上段の方が

図２　データにおける不変な性質

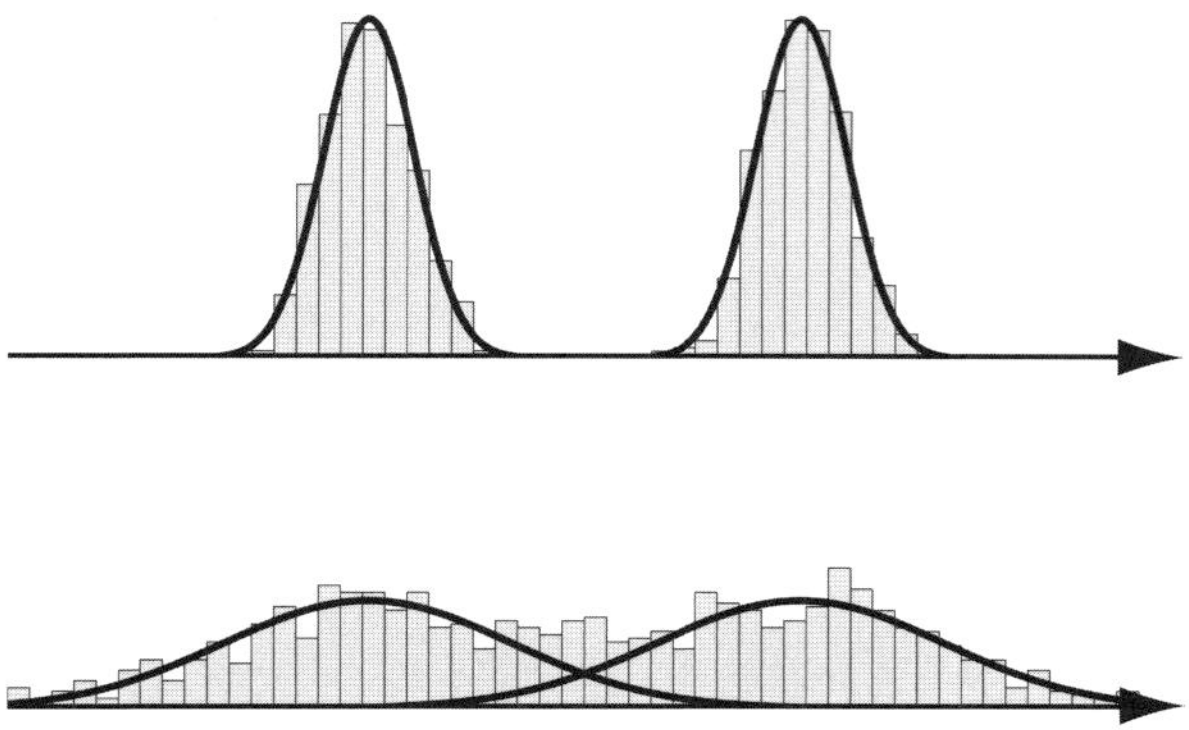

どっちの方が見分けやすい？

互いに遠いということになります。しかも、これは幅で割っているため、メートルでもキロメートルでも同じ量になり不変量となっています（単位を１００倍にしても平均間の距離が１００倍になる一方、標準偏差も１００倍になりお互い打ち消しあいます）。

　実はこの量は、１９５１年にKullback《カルバック》とLeibler《ライブラー》が提唱したKullback-Leibler divergence（KL divergence＝カルバック・ライブラー情報量）という尺度になっています。KL divergence《ダイバージェンス》は、統計学や情報理論において、２つの確率分布の間の差異を計る尺度として最も重要な量とされています。

KL divergence の話をもう少し続けましょう。顔認識のような判別問題を考えます。サンプルが左側の分布から生成された時に、それを「右から生成された」と誤判定する確率を判別誤差と言います。実は今の正規分布の例では、判別誤差は KL divergence によってほぼ決定されてしまいます（図3）。

判別誤差の数式が表す意味は、距離が離れていれば誤判別しにくく、距離が近ければ誤判別しやすいということでして、直観とも合います。この「見分けやすさ」が推定の精度を決めます。こうして精度を距離の言葉で言いかえることによって幾何学が現れてくるのです。

正規分布のような分かりやすい分布ではなく、もっと複雑な分布を扱おうとすると、統計モデルという概念が出てきます。正規分布の場合は平均（山の中心）と標準偏差（山の幅）の2つのパラメーターを指定すれば完全に決定されます。このように、パラメーター（数字の組）を用いて分布を数式で表現したものを統計モデルと呼んでいます。

正規分布のように平均と標準偏差だけで決まるような単純なモデルだけでなく、

図3　判別性能

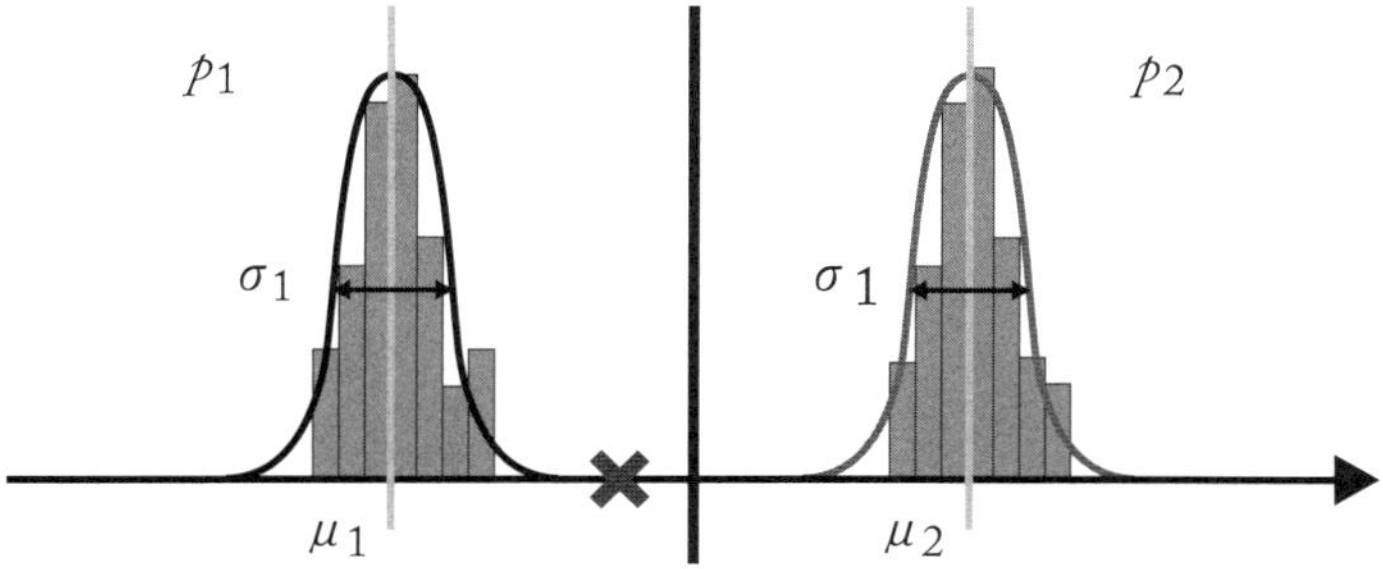

2つの正規分布p_1, p_2間のKL divergence $D(p_1||p_2)$は
次のように書き下せる。

$$D(p_1||p_2) = \int p_1(x)\log(p_1(x)/p_2(x))\,dx = \frac{(\mu_1 - \mu_2)^2}{2\sigma^2}$$

サンプルXが左側の分布から生成されたときに、
それを「右から生成された」と誤判定する確率は？
→　判別誤差（例：顔認識）

$$\text{判別誤差} \leq \exp(-D(p_1||p_2)/4)$$

もっと多様なデータの分布を表現する統計モデルも考えられています。統計モデルを用いて分布をパラメーターで表現しますと、それぞれのパラメーター値にある分布が対応し、分布という抽象的な概念をパラメーターとして具体的に表現することができます。

また、パラメーターの間の距離を対応する分布の距離（KL divergence）で測りますと、パラメーターの間に距離が設定されます（本当はKL divergenceは数学的な意味での距離ではないのですが、簡単のため距離として話を進めます）。

こうして、パラメーターという数字の組に距離を定めることにより、「この点とこの点は近くて、こっちの点とあっちの点は遠い」というようにパラメーターの空間の上にあたかも地図が作成されたようになります。このように地図の作成されたパラメーターの空間は、実は幾何学でいう「リーマン多様体」と呼ばれるものとみなせます。すると、距離に対応してどれだけ空間が曲がっているかといった情報が得られ、その曲がり具合で、推定精度の詳細が分かってしまうのです。なお幾何学的視点を用いますと、実は先の正規分布の例は「負の定曲率空間」と呼ばれる空間になっています。

情報幾何学による成果として2つの例を挙げましょう。

1つめの例は駒木文保・東京大学教授による「ベイズ推定」の情報幾何学による特徴付けです。統計学には、ベイズ推定と最尤推定という、2つの代表的な推定方法があります。これらの推定方法は教科書には必ず書いてあるような方法でして、どちらも頻繁に用いられています。実は、情報幾何学的な視点を用いると、ベイズ推定による予測分布のほうが、最尤推定によるものより真の分布に近くなることが言えます。データを情報幾何学的に見ていくと、そのモデルの持つ幾何学的な性質を利用して、推定量の精度を向上させることができるというのが、情報幾何学の特徴です。

2つめの例は、甘利教授による情報幾何学のカクテルパーティー問題への応用です。人が多く集まるようなパーティー会場では、様々な人が同時に発話していて音声が混在しますが、人間はそれらを聞き分けることができます。このように音声を分離させることを機械にさせるのがカクテルパーティー問題です。カクテルパーティー問題を解く手法を独立成分分析と呼ぶのですが、それに情報幾何学を用いた理論的洞察を与え、情報幾何学的に自然な学習方法を考案し、精度および学習速度を向上させました。

カーネル法による学習

機械学習の代表的な手法として、カーネル法というものがあります。カーネル法は10年以上にわたって機械学習における中心的役割を果たしてきました。カーネル法という名称は、「カーネル関数」と呼ばれるある性質を有した関数を用いることで、複雑なデータ解析を簡単に実現できることからそのように言われています。

例えば図4の(a)にあるように、濃い斜線の領域に出るデータと薄い斜線の領域に出るデータを判別しようとしますと、濃い斜線の領域と薄い斜線の領域の境界に直線を引き、その直線の右側か左側かを判定することにより判別が可能です。このように直線を用いてデータの処理をすることを「線形」な処理と呼びます。しかし、図4の(b)のように境界が直線ではなく曲線であった場合はどうすればよいでしょうか。

このようなデータを処理するのにカーネル法が有用です。この場合、2次元のデー

図４　線形判別平面と非線形判別平面

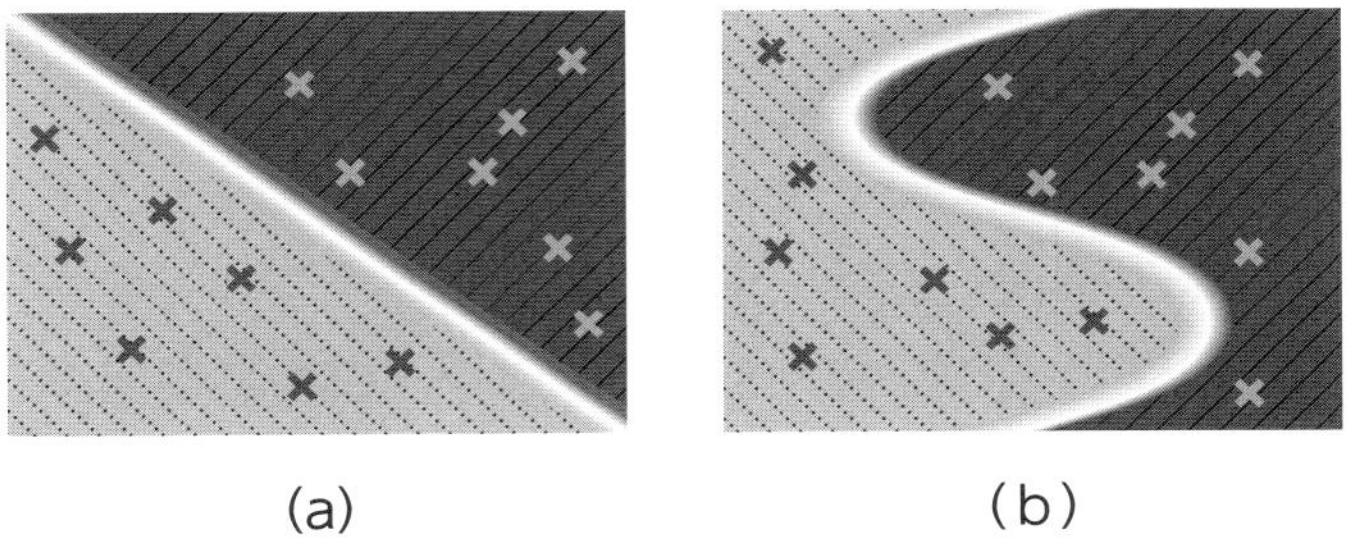

タを、例えば図５にあるように一旦３次元の空間に非線形に写像して解析しやすい形に変換すると、１つ次元が上がり、その空間上で線形に判別できるようになります。つまり、３次元の空間を（曲面ではなく）平らな平面で区切ってそのどちら側にデータがあるかで判別できるようになるのです。これをカーネルトリックと言います。カーネル法はこれと同様のことをさらに高次元、とくに無限次元の空間をも使って行います。

しかし、無限次元の空間といった抽象的な概念の上で実際に計算ができるのでしょうか？それを可能にさせるのがカーネル関数と呼ばれるもので、無限次元空間における平面のどちら側にデータが落ちているかという判

図 5　カーネルトリックの概念図

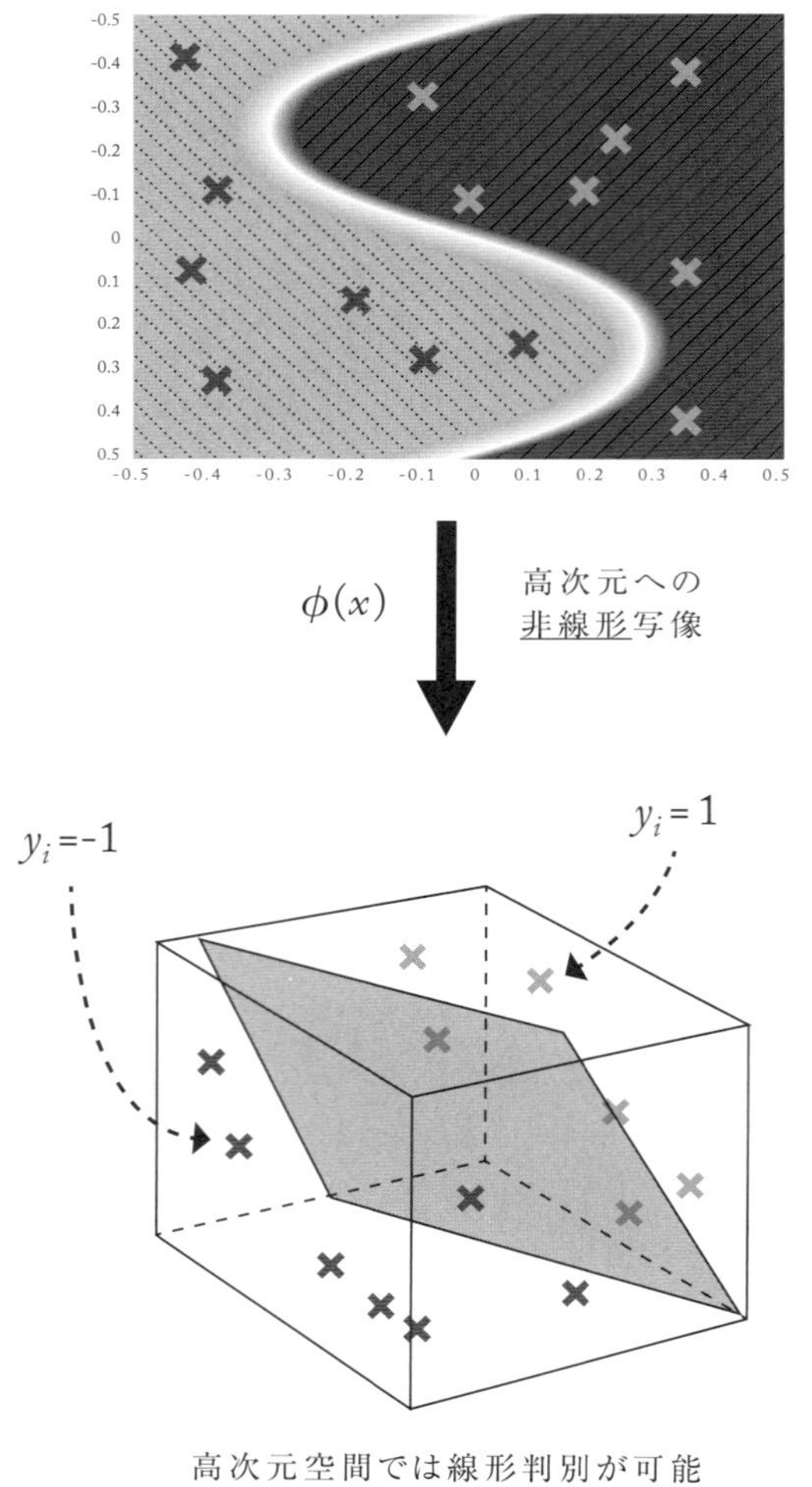

定に必要な計算（内積と言います）を、無限次元空間を明示的に扱わずとも直接計算する手段を与えます。カーネル関数のおかげで無限次元やら写像やらというものを考えなくても、ただカーネル関数の値さえ計算できれば、上の例で示したような非線形なデータ処理が簡単に行えるようになります。

しかし、カーネル関数にはいろいろな種類があり、どのカーネル関数が適切であるかはデータに依存します。よって、適切なカーネル関数をデータに応じて選択する方法が必要です。そのような方法の1つにMKL（Multiple Kernel Learning、マルチカーネル学習）という方法があります。これは、いくつかのカーネル関数の候補を用意しておいて、それらを取捨選択し組み合わせることで、適切なカーネル関数を構築する方法です。詳しいことは省きますが、MKLは「凸最適化」と呼ばれる比較的簡単に解ける問題のクラスに帰着され、効率的に学習することができます。

我々は、このMKLを拡張し、従来法より高い精度を持ちつつ少ない計算量で解ける方法を提案しました（図6）。

図6に示したのは画像認識のタスクに我々の手法を適用し、従来手法と比較した

ものです。縦軸は画像認識の正答率で、上にきた方がよい性能ということになります。提案手法は従来手法よりも高い正答率を出していることがわかります。また、学習を効率化するアルゴリズムも考案し、候補となるカーネルの数が多い場合には従来手法と比べ約10倍から100倍近く速く解けるようになりました（図7）。

また、MKLやその一般化した方法の統計的性能を理論的に解析し、それらがある条件のもとミニマックス最適レートを達成する（一番苦手なデータに対してもあまり悪い答えは出さない）ということを数学的に証明しました（図8）。この証明には、数学的なツールとして統計学、確率論、関数解析、情報理論などを使っています。

上で示したようにMKLはある種の最適性を満たしていますが、対象となるデータを絞り、その特性をもっと有効に活用することで性能の改善は可能です。そのようなデータの特性を捉えることをモデリングと言いますが、時にモデリングが非常にうまくいくと大幅に性能が改善されることがあります。そのことについては後で述べますが、MKLはモデリングを行うのが難しい場合に自動的に性能を押し上げる一般的な方法とみなすことができます。

図６　より賢くなれる学習方法の提案（統計学的知見）

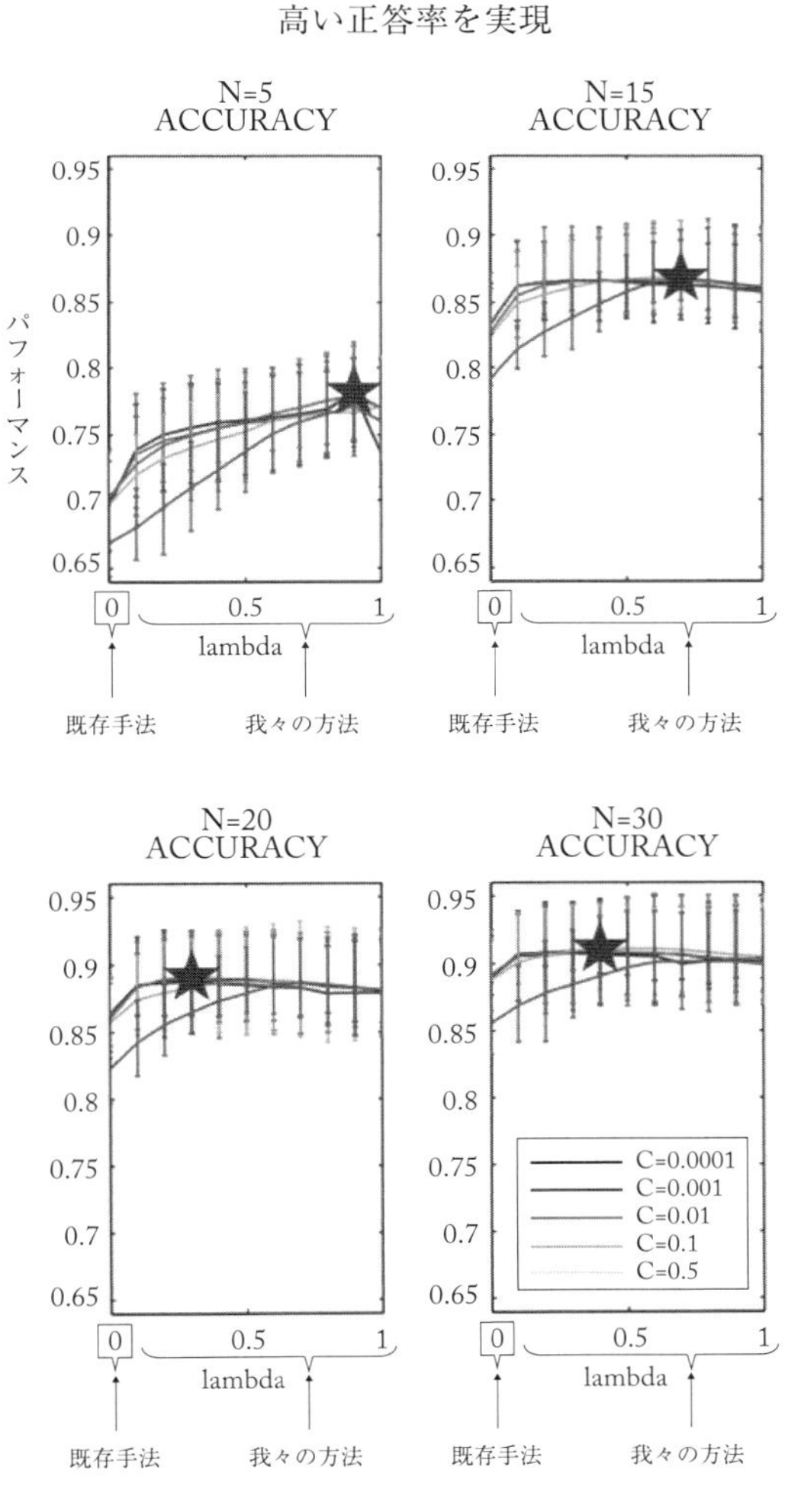

出典：Tomioka & Suzuki, 2010　より作成

図7　学習にかかる時間の短縮

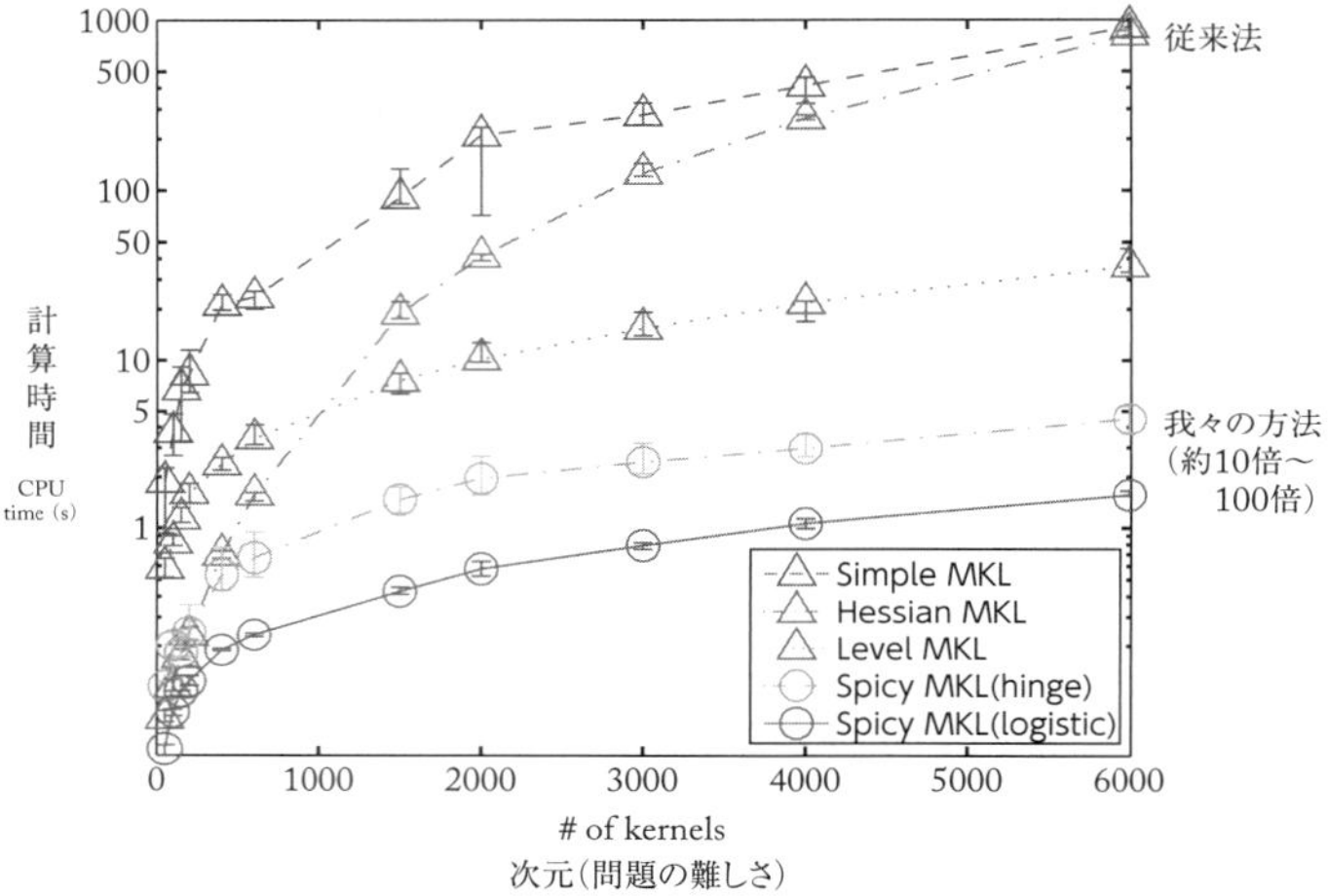

出典: Suzuki & Tomioka, 2011　より作成

図8　最適性の保証

ほかのどんな手法も超えられないことを証明

$$\|\hat{f}_{\mathrm{MKL}}-f^*\|^2 \leq C\left(d^{\frac{1+q}{1+q+s}} n^{-\frac{1+q}{1+q+s}} R_2^{\frac{2s}{1+q+s}} + \frac{\log(M)}{n}\right)$$

正しい解との距離

$$\leq C' \min_{\hat{f}} \max_{f^* \in H_{2,d}(R_2)} \mathrm{E}[\|\hat{f}-f^*\|^2]$$

- 統計学
- 確率論
- 関数解析
- 情報理論

出典: Suzuki, Tomioka & Sugiyama, 2011　より作成

大量で多様なデータを処理できる最適化の手法

現在SNSのTwitterの投稿数は、全世界で1日当たり4億ツイートを超えると言われていますが（2012年6月集計）、これはトルストイの『戦争と平和』のテキスト量に換算すると、およそ16326冊分に相当します。また大量データの代表的な例としてよく取り上げられる次世代DNAシーケンサは、例えば60億本×100の塩基配列のデータを出力することができます。

別の例として、写真共有を目的としたコミュニティサイトであるFlickrは、1日当たりおよそ100万枚の写真画像がアップロードされ、大規模サーバーを用いなくては保持できないほど大量のデータとなっています。これら現在巷にあふれるデータは、大量であることに加えて、テキスト、DNAデータ、画像イメージといったように非常に多様性が高いです。これらのデータから何らかの知見を得るためには学習方法に工夫が必要です。

我々はこのような大量データを高速に処理し、かつ多様なデータの様相に対して柔軟に対応できる手法を構築しました。

多くの機械学習の問題は最適化問題として定式化できます。すなわち、データへの当てはまりの良さを表す関数を最大化するようにしてパラメーターを学習するのです。さきほどの線形判別の問題の例では、データを最もよく分離する平面を探すわけです。

その際、標準的な方法では少しずつ平面を表すパラメーターを更新して最適な値を探ってゆきます。その更新を普通に行おうとするとデータへの当てはまり度合いを計算するために、1回の更新でデータ全体を見なくてはいけません。

すると、データが大量な場合、一回の更新が終わるまで長い時間かかってしまいます。また、全てのデータが手元に集まるまでに学習が始められないという問題も出てきます。しかし、例えば1日に8000万ツイートされている場合、その全てを見ないでも一部のサンプルが入手できたら、それである程度の当たりをつけて更新してしまってもよいように思えます。そのように、データを少しずつ見ては逐次的にパラメーターを更新してゆく方法をオンライン学習と呼びます。

物体認識、音声認識、バイオインフォマティクス、自然言語処理など多くの問題において線形判別がよく使われます。例えばＤＮＡの塩基配列データからその人ががんになりやすいかなりにくいかを判別するという問題を考えます。この問題を解くためには、ＤＮＡの塩基配列データをまず長い数字の列で表します。そして、その数字の列を高次元空間の１点（ベクトル）とみなし、それがある平面のどちら側にあるかでがんのなりやすさを判定します（もし平らな平面では判別できない場合は前述のカーネル法などを使う必要があります）。

同様にして、テキストデータであればそれが何の話題に関するものかを判別するため１つひとつのテキストを数字の列（ベクトル）で表し、画像の判別であれば画像データを何らかの方法で数字の列で表します。このようにデータを数字の列で表現したものを「特徴ベクトル」と呼び、その１つひとつの数字を「特徴量」と呼びます。平面のどちら側にあるかを判定するためには、特徴ベクトルと平面を表すベクトルとの内積というものを計算すれば判定することができます（図９）。

平面の位置を学習するために、実際のデータをなるべく多く集積し、そのデータ上での正答率が高くなるようにします。ここで、なるべく正答率を上げるという部分が最適化問題と呼ばれるところです。

図9　線形判別のイメージ

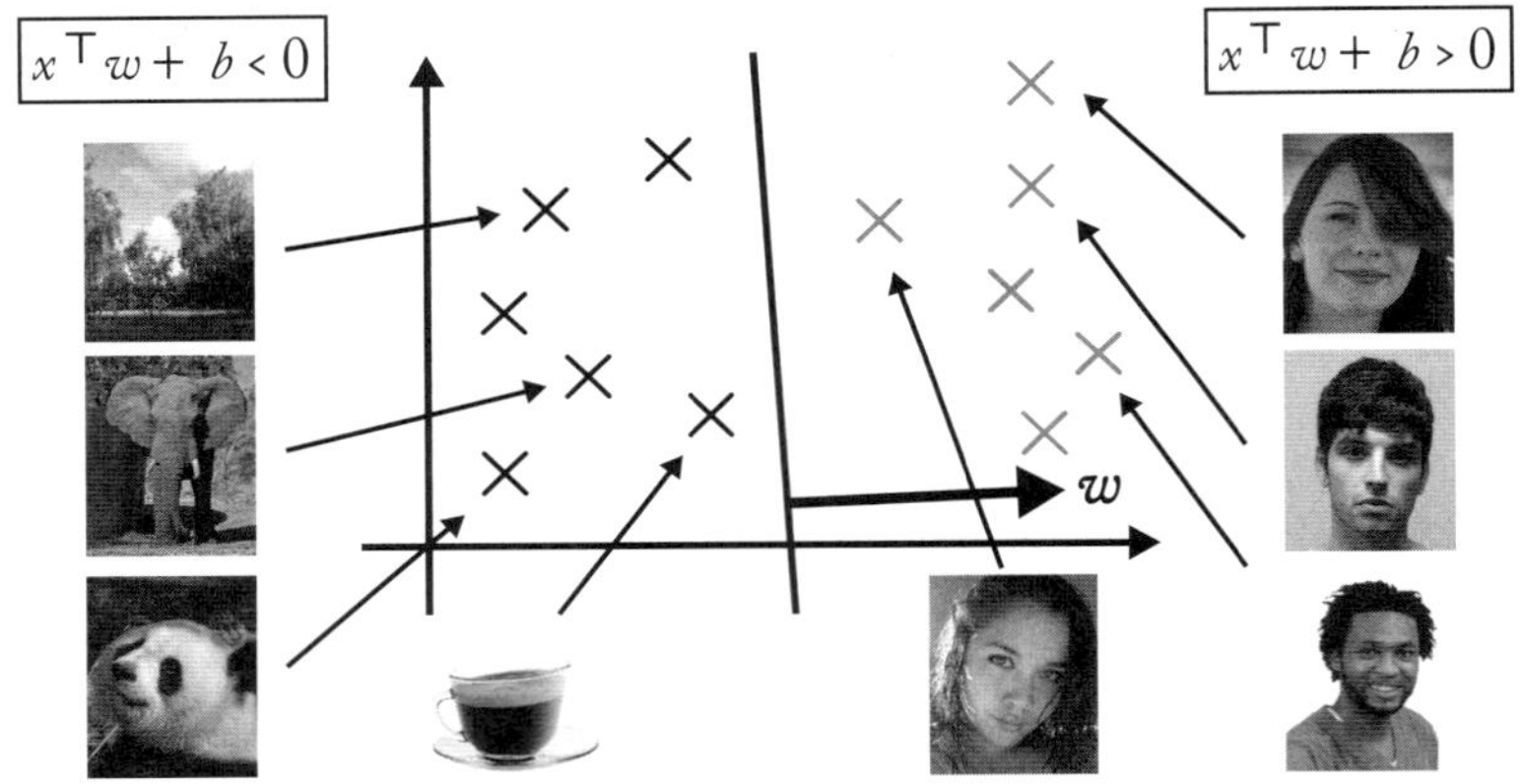

$x^{\top}w$：特徴ベクトルxと平面を表すベクトルwとの内積

データを数字の列で表した特徴ベクトルの長さが長くなると、あまり重要でない情報も大量に含まれてきて、その冗長な情報が解析の障害となりえます。そのような情報を排除するために、「スパース推定」あるいは「スパースモデリング」という手法がよく用いられています。

例えば、人間のＤＮＡには約30億個の塩基配列がありますが、その情報を全て見る必要はありません。ＤＮＡの塩基配列データから、この人がある病気になりやすいか、なりにくいかということを判定することを考えると、その特定の病気に関わる部分はほんの一部です。その一部分、これは重要だと想定される箇所だけを抜き出し推定するのが、スパース推定です。同様に、テキストデータから何の話題であるかを判別する場合や画像認識においても、無駄な情報を取り除くためにスパース推定が使われています。

そのようなスパース推定を実現させる方法として、「Ｌ１正則化」と呼ばれる技法が使われています。Ｌ１正則化は、手元にあるデータへの当てはまりをいくぶん犠牲にして、余分な情報を切り捨てるように強制力を働かせるものです。これを用いることで余分な情報が無視されやすくなります。ただし、サンプル数が増えてくると、一見無駄に見えているような部分にも有用な情報が含まれているかもしれないので、そのような情報を徐々に取り入れていくように、段階的にL１正則化の強さを下げていきます。

L１正則化はただ単に余分な情報をなるべく無視させることが目的でしたが、もっと多様なデータの構造を反映させる「構造的正則化」というL１正則化を一般化させた手法があります。例えば、データを表す特徴量がグループに分けられるということが分かっている場合、その「グループごと」に切り捨てたり採用したりする強制力を持たせることができます。ＤＮＡデータの場合、生物学的に同じような機能を持っている塩基対はグループ化してしまうという具合です。他にも特徴量間の様々な関係性を組み込む方法が考案されています。

データが十分大量にあればその実体が明確に分かってきますが、データが少なくて実体がよく見えていないところで、そのデータを完全に信用してデータへの当てはまりのみを最適化してもよい精度は得られません。なぜなら、データには確率的なゆらぎがあるため、余分な情報や雑音などによって引き起こされる誤差が蓄積し大きな誤差を生む可能性があるからです。

そこで、データの量が十分に多いわけではないときにはL1正則化をかけて余分な情報を落としたり構造的正則化でデータに事前的知識を反映させたりして、より雑音によって引き起こされるゆらぎに頑健な推定を行うようにするのです。その正則化の強さはデータの量に応じて調整します。

我々の開発した手法では、上で述べたような構造的正則化学習問題のオンライン学習を簡単に実現させることができます。しかも、1回の更新にかかる計算量が少ないという特徴があります。これによって、データの多様な構造を反映させた解析が大量データの上でも容易に行えるようになります。

さらに、オンライン学習は一度データを見たらそのデータ自体は廃棄することを想定していますが、後から以前に見たデータを何度も見直してもよいことにすると、最適解への収束を速くすることが可能です。

ここで必要な数学的ツールは、「凸《とつ》解析」と呼ばれるものです。凸解析は、効率的な最適化技法を構築するために必要な物の見方を与えます。我々はそれをオンライン学習の枠組みで用い、得られた数学的な知見をもとに新たな方法を考案し、手法の有用性を数学的に証明しました。

凸解析の歴史は長く、古くは18世紀の力学や変分問題に端を発し、1960年代ごろに現在使われている凸解析が体系的に整備されました。凸解析はその後も様々な発展を遂げていますが、約50年前の理論が現在のビッグデータ解析においても大いに役立っていることは、数理科学の力強さを雄弁に物語っているように思えます。

機械学習を支えるのは人の英知

カーネル法のところで少し述べましたが、データの性質をうまく反映させたモデリングによって、性能を大きく向上させることが可能になる場合があります。モデリングは物理的な知見やそれまでの経験を数式に盛り込んでゆくことでなされます。また、良いモデルを得るためにはそういった様々な知見を当てはめてみて実際に上手くいくかどうかの試行錯誤が必要です。

モデリングが成功した技術の1つとして、ディープニューラルネットワークがあります。ディープニューラルネットワークは、この2年ほどで数々のパターン認識のタスクで次々と過去の手法を大きく上回る性能をたたき出し、大きなブレイクスルーを引き起こしました。ニューラルネットワークは人間の脳の構造を数学的に表現したモデルです。

ディープニューラルネットワークは人間の脳が何層にも重なる階層構造を成していることに倣い、ニューラルネットワークを幾重にも重ねた構造をしています。また、各階層に人間の視覚野や聴覚野に見られるような特殊な構造を盛り込んでいます。

実は、そのディープニューラルネットの雛型となる方式はすでに80年代に日本人の福島邦彦博士によって提案されておりました。また、その学習方法も本質的には70〜80年代に提案された方法を進化させたものです。一番の違いは学習のためにGPｰGPU（汎用グラフィックプロセッシングユニット）を用いた並列計算を採用し、ある正則化技法を組み込んで学習効率を上げたことにあります。

これにより、大規模なデータ（数千万枚の画像）を用いた学習が可能になると同時に、多層の複雑なモデルでもノイズや誤差に大きな影響を受けずに精度を向上させることに成功しました。ニューラルネットワークは扱いが難しく、しばらくあまり使われない冬の時代を迎えていました。しかし、ビッグデータ時代に合うよう手法に工夫がなされ、その高い性能が実証されてから、大きく見直されるようになりました。

ニューラルネットワークの基礎にパーセプトロンと呼ばれる手法があると述べましたが、パーセプトロンはニューラルネットワークだけでなく、サポートベクターマシンと呼ばれるカーネル法の先駆けとなった手法のもとにもなっています。サポートベクターマシンは1990年代後半に開発され、凸最適化問題に帰着され非常に効率よく解くことができます。その計算効率の良さと扱いやすさからこれまで大きな注目を集めてきました。

このように、機械学習は最適化技法のような効率的計算手法とセットであり、計算機の処理能力が向上し、その能力をフルに活かすような方法論の両方が相まって発展してきました。

コンピューター自体の進歩という側面は当然ありますが、機械学習のブレイクスルーは、計算機の性能に依存して全てを探索させる、といういわば力技のような方法ではなく、人間が数理的な知見を最大限活用して効率のよいデータ利用法を発見することによってなされています。また、コンピューター将棋における評価関数の概形を決めるようなモデリングの作業は人間にしかできず、この部分を完全に自動化することはまだできていません。

モデルの中の有効なパラメーターの発見（学習）は、かつて人間が手動で行っていましたが、今は機械が主体となって行っています。すると、圧倒的な計算力の前に、一見人間の尊厳が損なわれるような印象がありますが、人間の生活を豊かにするツールのひとつとして機械を有効に活用していくことが重要であると思います。データや計算機の計算能力をどのように使うかという問題は、その意味で人間が決めることであります。

かつての人工知能は、データを使わずに1から10まで全てをプログラミングしようという考え方でしたが、21世紀になって、人間が全てをプログラミングするのではなく、データを機械に見せて機械自体に学習させるという方向に変わり、機械学習手法の研究が発展しました。人間の活躍する場は変化してきましたが、いかにして賢く機械を利用するかという点においてはこれからも変わらず人間が知恵を絞って発展させてゆく必要があります。

コンピューター将棋も、データ入力からそれらを活用する学習の方法まで、もとは全て人間が手探りで作り上げたものです。将棋で機械が勝つと「コンピューターの勝利」という言葉だけが一人歩きしがちですが、勝てるまで機械の能力を引き出した工夫もまた人間の英知による成果です。ますます発展するであろうコンピューターの能力に、人間の知恵がどのように向かい合っていくかの一端を担うという点が我々の研究の醍醐味でもあります。

これからのデータ科学の展望について

データ科学において数理モデリングは解析を行うための土台・出発点と言えます。モデリングにおける重要な事項として、データを数値で表す特徴量の構成方法があります。うまい特徴量が構成できればカーネル法のような汎用性の高い方法を使わないでも線形判別のような簡単な方法で済み、高い性能も得られます。

実は上で書きましたディープニューラルネットワークは、こういったうまい特徴量を自動的に学習してくれる方法であると言えます。その意味で、ディープニューラルネットワークはモデリングにおける重要な部分（特徴量の構成）をいかにしてデータから自動的に行うかを数式で記述した方法であり、その成功によって機械が自動的に学習する範囲が従来よりも押し広げられたと言えます。

これは扱えるデータ量が増大し、より「データ自身に語らせる」ことが可能になってきたからです。今後は、ディープニューラルネットワークに限らずいろいろなアプローチにおいて、学習方法を学習するような、より高レベルな手法の構築が可能になると考えられます。さらには、顔認識のような単一のタスクの枠を超え、画像と音声およびテキストなど、様々なデータを横断するようなより高次の学習機構が重要になってくるでしょう。この流れはすでに始まっており、より人間生活に直結した、ユーザーの心情や行動の理解などを総合的に行う方向へシフトしつつあります。

その一端は購買予測の技術などに見てとれます。かつては科学分野や官公庁が主役だったデータ科学ですが、IT技術の発達により企業での利用が急速に広まっています。そうした、いわゆる「ビッグデータブーム」によりデータ科学の様相も大きく変わってきました。しかし、一過性のブームの裏で、やはり数理的な基礎研究は必要不可欠です。一見地味に見える基礎研究は対象への知見を深め、新しい方法の構築に重要な役割を果たしています。今後、ユーザーサイドの応用が広がる一方、それを支える基礎理論もまたより本質に迫るよう新しいアイディアが生まれ発展を遂げてゆくと考えられます。

これまでデータ科学の正の側面に焦点を当ててきましたが、当然負の側面ももたらしています。機械がいろいろな仕事を人間の代わりに行ってしまうための雇用喪失や個人データの利用によるプライバシーの侵害などです。こういった負の側面も含め、人間と機械のありかたはどのようにあるべきかという問いは、21世紀の大きな課題です。機械と人間の関係を通して、そもそも人間の価値とは何であるかという考察にも通じるでしょう。どのような未来を選択するかは機械にではなく人間に決定権があることです。

いずれにしてもデータ科学が様々な可能性を秘めていることは間違いありません。データが物事を雄弁に語る時代、第4の科学的手法とも呼ばれているデータ科学からこれからも目が離せません。

研究のポイント ～編者から～

ビッグデータの時代を拓く機械学習

ビッグデータへの世の中の注目が大きく高まっている。多くの企業が、すでにビッグデータやデータ科学技術への本格的取り組みを始めている。インターネット技術やセンサー技術の急激な進歩と普及によって、一昔前までは考えられなかったような大量なデータが蓄積され活用できる時代になったからである。

ただし、ここで重要なのは、ビッグデータはそのままではある意味でごみの山でもあり、そこから有用な情報を引き出すためには、数学が不可欠であるという点である。そこで威力を発揮するのが、機械学習をはじめとした複雑系数理モデル学の様々なデータ解析手法である。特に最近、機械学習はディープニューラルネットワークをはじめとして著しい新展開を見せて、データ解析の世界が大きく変革しつつある。

その背景となっているのは、この機械学習のために利用可能な大量のビッグデータの蓄積と、そのデータを基に学習するために必要な大規模計算を可能にするコンピュータ能力の大幅な向上である。そして、この2つの背景を基盤として、適切な数理モデルと機械学習を駆使することによって、たとえばプロ棋士に勝つほどのソフトウェアの開発すら可能となったのである。

今後もこの方向で、益々コンピュータの能力が進化し続けていくことが予想される。すでにその萌芽が見られるように、本格的な人工知能、人工脳もそれほど遠くない将来に実現され、私たちの生活を大きく変えていくものと思われる。個人的には、このような数理的アプローチでヒト脳が有する「意識」にどこまで迫れるか？　という問題がたいへん興味深い。（合原一幸）

おわりに

本書は、２００８年に出版された『社会を変える驚きの数学』（合原一幸編著、ウェッジ）の続編ともいうべきもので、その後の「数学の社会への応用研究」の進展を一般向けに解説したものです。

実際前書が出版されてから、この分野では著しい進展がありました。中でも特筆すべきものは、２０１０年３月から２０１４年３月まで内閣府の最先端研究開発支援（ＦＩＲＳＴ）プログラムの支援を受けて行われた、「複雑系数理モデル学の基礎理論構築とその分野横断的科学技術応用」研究プロジェクト（通称ＦＩＲＳＴ最先端数理モデルプロジェクト）です。この最先端研究開発支援プログラムは、内閣府の総合科学技術会議により制度設計され日本学術振興会を通して助成されたもので、すべての科学技術分野から30のテーマが選ばれました。30テーマの中には、ノーベル化学賞受賞者の田中耕一さんの次世代質量分析システム研究のプロジェクトやノーベル生理学・医学賞受賞へと結実した山中伸弥さんのｉＰＳ細胞研究のプロジェクトが含まれています。このような我が国の科学技術を代表する30の国家プロジェクトの一つとして、我々の数学分野の研究が選ばれたのは、驚きと大きな喜びであるとともにそれ以上の大きな責任を伴うものでした。

このＦＩＲＳＴ最先端数理モデルプロジェクトでは、我が国の数理研究の総力を結集し約70名の大学教員と約45名の若手研究員が参加して、基礎理論研究と応用研究の両面から複雑系数理モデル学の構築とその応用研究を行いました。我々が専門とする数理工学は数学の一分野ですから、その理論は普遍性、分野横断性を持ちます。他方で、そのような理論構築のきっかけは、個々の重要な応用課題の解決という差し迫ったニーズから得られます。この意味で、数理工学研究においては、普遍性・一般性を追求する理論研究と個別性・特殊性に踏み込む応用研究を同時に展開することが大切です。そして実際、本書で紹介したような理論と応用の両面からのスケールの大きな研究が可能となったのは、このＦＩＲＳＴプログラムのおかげです。このような素晴らしい機会をいただいて感謝の念に堪えません。

複雑系の研究は世界中で活発に行われてきていますが、数理モデルに基づく前立腺がんのテーラーメードなホルモン療法、まったく新しい動的ネットワークバイオマーカーによる未病状態の検出、迅速で高精度な余震予測などのように、これまでの複雑系研究の枠を越えて、社会や日常生活にも大きく貢献し得る応用研究成果を生み出すことが出来ました。さらに、21世紀に解決しなくてはならない様々な複雑系問題の研究基盤となる理論的プラットホームも構築することが出来ました。

本書では、これらのＦＩＲＳＴ最先端数理モデルプロジェクトの内容を中心に、その全体像をご紹介すると共に、感染症、地震、電力システム、通信システム、および機械学習の個別テーマに関して、実際の研究に従事した占部千由さん、近江崇宏さん、阿部力也さん、長谷川幹雄さん、および鈴木大慈さんにご執筆いただきました。さらに、巻頭言を、東北大学原子分子材料科学高等研究機構（ＡＩＭＲ）の機構長として、数学の材料科学への独創的応用研究で世界を先導する拠点を構築されている小谷元子さんからいただきました。みなさんに心から感謝いたします。また、本書を出版する機会をいただいた（株）ウェッジ社長の布施知章さん、本書の取りまとめの労をお取り下さった根岸あかねさん、新井梓さん、塚﨑朝子さんにも感謝いたします。

数学はそれ自体は目には見えませんが、社会や暮らしを背後で静かに、しかししっかりと支えてくれています。このことの片鱗を前書に引き続き本書でお伝えできれば、編者としてこれ以上の喜びはありません。

合原一幸

執筆者略歴

合原一幸（あいはら・かずゆき）**編者**
東京大学生産技術研究所教授、同最先端数理モデル連携研究センター長。1954 年生まれ。東京大学大学院工学系研究科博士課程修了。東京大学大学院工学系研究科教授、同新領域創成科学研究科教授等を経て、現職。内閣府が日本のトップ 30 の研究を支援した FIRST（最先端研究開発支援プログラム）で複雑系数理モデル学研究のリーダーも務めた。専門はカオス工学、数理工学。脳などを対象に数理モデルの構築を行なっている。

占部千由（うらべ・ちより）
東京大学生産技術研究所特任助教。1976 年生まれ。京都大学大学院人間・環境学研究科博士後期課程修了。大阪大学大学院工学研究科特任研究員、明治大学研究・知財戦略機構研究推進員、東京大学生産技術研究所最先端数理モデル連携研究センター特任助教等を経て、現職。専門は非平衡系物理学。感染症伝播等を対象とした数理モデリングとその解析を行なっている。

近江崇宏（おおみ・たかひろ）
東京大学生産技術研究所・日本学術振興会特別研究員 PD。1984 年生まれ。京都大学大学院理学研究科博士課程修了。科学技術振興機構研究員（FIRST 合原最先端数理モデルプロジェクト）を経て現職。専門は統計地震学。統計的手法を用いた地震活動の予測に関する研究に従事。

阿部力也（あべ・りきや）
東京大学大学院工学系研究科特任教授。1953 年生まれ。東京大学電子工学科卒業。九州大学博士（工学）、電源開発株式会社技術開発センター上席研究員、2008 年 6 月より東京大学大学院工学系研究科技術経営戦略学専攻特任教授。一般社団法人デジタルグリッドコンソーシアム代表理事。専門は、分散電源、蓄電池、スマートグリッド、デジタルグリッド等。

長谷川幹雄（はせがわ・みきお）
東京理科大学工学部第一部電気工学科教授。1972 年生まれ。東京理科大学基礎工学研究科博士課程修了。日本学術振興会特別研究員（DCI）、郵政省通信総合研究所研究員、情報通信研究機構主任研究員などを経て現職。専門は、工学基礎（カオス、ニューラルネットワーク、最適化）、通信･ネットワーク工学（異種無線ネットワーク、コグニティブ無線ネットワーク）など。

鈴木大慈（すずき・たいじ）
東京工業大学情報理工学研究科数理・計算科学専攻准教授。1981 年生まれ。2004 年東京大学工学部計数工学科卒業、2009 年同大学大学院情報理工学系研究科数理情報学専攻博士課程修了。博士（情報理工学）。2009 年同専攻にて助教に着任。2013 年より現職。東京大学情報理工学系研究科長賞，2012 年度 IBISML 研究会賞などを受賞。専門は統計学と機械学習，特に高次元スパース推定やノンパラメトリック推定の理論、情報幾何学、確率的最適化に興味がある。

ウェッジ選書　53

暮らしを変える驚きの数理工学

2015年5月20日　第1刷発行

編 著 者　合原一幸
著　　者　占部千由　近江崇宏　阿部力也　長谷川幹雄　鈴木大慈
発 行 者　布施知章
発 行 所　株式会社ウェッジ
〒101-0052　東京都千代田区神田小川町1-3-1
NBF小川町ビルディング3階
電話：03-5280-0528　FAX：03-5217-2661
http://www.wedge.co.jp/　　振替00160-2-410636

ブックデザイン　奥冨佳津枝
DTP組版　株式会社リリーフ・システムズ
印刷・製本所　図書印刷株式会社

※定価はカバーに表示してあります。　ISBN978-4-86310-140-1　C0341
※乱丁本・落丁本は小社にてお取り替えいたします。本書の無断転載を禁じます。

©Kazuyuki Aihara, Chiyori Urabe, Takahiro Oomi, Rikiya Abe, Mikio Hasegawa, Taiji Suzuki　Printed in Japan

ウェッジの本

社会を変える驚きの数学
合原一幸　編著

数学は、目的にもっとも有効な答えを導くための方法として知られています。加減乗除を使ってさまざまな数を任意に加工することはもちろん、列車の最短経路を調べる技術やキャッシュカードの暗号技術など、社会の至るところでその知見が使われています。

本書では、一見複雑で混沌とした日常の事象を数学的思考で見渡すことで、新しい視点や原則が見えてくる、そんな応用数学の魅力をたっぷりとお届けします。

定価：本体1,400円+税

脳はここまで解明された
合原一幸　編著

近年、生理学や解剖学の分野では、脳の研究が飛躍的に進んでいます。

しかし、これで脳のすべてがわかったと思うのは大きなまちがい。脳の具体的な働きを再現するようなコンピュータやロボットがつくれなければ、脳全体をわかったことにはならないのです。ではいったい脳の謎はどこまで解明され、何がわかっていないのでしょうか。

「脳を創ろう」と奮闘するカオス工学の第一人者が、最新の研究からレポートします。

定価：本体1,200円+税

ネムリユスリカのふしぎな世界
——この昆虫は、なぜ「生き返る」ことができるのか？
黄川田隆洋 著

昆虫「ネムリユスリカ」は、特殊な能力をもっている。体の水分を失い、カラカラに乾燥した状態の幼虫に、水を与えてやると、1時間たらずで「生き返る」のである。

ネムリユスリカは「死んだ」状態から、なぜ「生き返る」ことができるのか。この能力は、ほかの生き物に「移植」することができるのか。ネムリユスリカのＤＮＡの研究からわかった「驚くべき事実」とは何なのか。驚異の昆虫の全貌がいま明らかになる。

定価：本体1,600円＋税

ウェッジ選書

1 人生に座標軸を持て
松井孝典・三枝成彰・葛西敬之【共著】

2 地球温暖化の真実
住 明正【著】

3 遺伝子情報は人類に何を問うか
柳川弘志【著】

4 地球人口100億の世紀
大塚柳太郎・鬼頭 宏【共著】

5 免疫、その驚異のメカニズム
谷口 克【著】

6 中国全球化が世界を揺るがす
国分良成【編著】

7 緑色はホントに目にいいの?
深見輝明【著】

8 中西進と歩く万葉の大和路
中西 進【著】

9 西行と兼好
小松和彦・松永伍一・久保田淳ほか【共著】

10 世界経済は危機を乗り越えるか
川勝平太【編著】

11 ヒト、この不思議な生き物はどこから来たのか
長谷川眞理子【編著】

12 菅原道真
藤原克己【著】

13 ひとりひとりが築く新しい社会システム
加藤秀樹【編著】

14 〈食〉は病んでいるか
鷲田清一【編著】

15 脳はここまで解明された
合原一幸【編著】

16 宇宙はこうして誕生した
佐藤勝彦【編著】

17 万葉を旅する
中西 進【著】

18 巨大災害の時代を生き抜く
安田喜憲【編著】

19 西條八十と昭和の時代
筒井清忠【編著】

20 地球環境 危機からの脱出
レスター・ブラウンほか【共著】

21 宇宙で地球はたった一つの存在か
松井孝典【編著】

22 役行者と修験道
久保田展弘【著】

23 病いに挑戦する先端医学
谷口 克【編著】

24 東京駅はこうして誕生した
林 章【著】

25 ゲノムはここまで解明された
斎藤成也【編著】

26 映画と写真は都市をどう描いたか
高橋世織【編著】

27 ヒトはなぜ病気になるのか
長谷川眞理子【編著】

28 さらに進む地球温暖化
住 明正【著】

29 超大国アメリカの素顔
久保文明【編著】

30 宇宙に知的生命体は存在するのか
佐藤勝彦【編著】

31 源氏物語
藤原克己・三田村雅子・日向一雅【著】

32 社会を変える驚きの数学
合原一幸【編著】

33 白隠禅師の不思議な世界
芳澤勝弘【著】

34 ヒトの心はどこから生まれるのか
長谷川眞理子【編著】

35 アジアは変わるのか 改訂版
松井孝典・松本健一【編著】

36 川は生きている
森下郁子【編著】

37 生物学者と仏教学者 七つの対論
斎藤成也・佐々木閑【共著】

38 オバマ政権のアジア戦略
久保文明【編著】

39 ほろにが菜時記
塚本邦雄【著】

40 兵学者 吉田松陰
森田吉彦【著】

41 新昭和史論
筒井清忠【編著】

42 現代中国を形成した二大政党
北村 稔【著】

43 塔とは何か
林 章【著】

44 ラザフォード・オルコック
岡本隆司【著】

45 あくがれ
水原紫苑【著】

46 スパコンとは何か
金田康正【著】

47 「瓢鮎図」の謎
芳澤勝弘【著】

48 達老時代へ
横山俊夫【編著】

49 気候は変えられるか?
鬼頭昭雄【著】

50 鉄といのちの物語
長沼 毅【著】

51 これだけは知っておきたい認知症Q&A 55
丸山 敬【著】

52 ネムリユスリカのふしぎな世界
—この昆虫はなぜ「生き返る」ことができるのか?
黄川田隆洋【著】